高等学校建筑学专业系列教材

公共建筑设计原理

刘云月　编著

东南大学出版社

内 容 提 要

本书是结合目前建筑学专业学生的学习特点而编写的。本书从方案设计的角度对建筑空间与形式问题、设计原理与方法步骤进行较为系统而全面的归纳和综述，使初学者更易于掌握建筑设计的一般知识。此外，为了使学生能更多地了解目前的建筑设计的特点，书中选取了大量当代建筑作品作为实例分析，同时，也对当代具有代表性的设计理论进行了简要介绍。

本书可供高等院校建筑学专业本科生、研究生以及相关教师的学习和参考用书。

图书在版编目(CIP)数据

公共建筑设计原理 / 刘云月编著. —南京: 东南大学
出版社，2004.4（2019.7重印）
ISBN 978-7-81089-549-1

Ⅰ.公… Ⅱ.刘… Ⅲ.公共建筑 – 建筑设计 – 高
等学校 – 教材 Ⅳ. TU242

中国版本图书馆CIP 数据核字（2004）第 017652 号

东南大学出版社出版发行
（南京四牌楼2号 邮编210096）
出版人：江建中
江苏省新华书店经销 兴化印刷有限责任公司印刷
开本：700mm × 1000mm 1/16 印张：10.5 字数：212 千字
2004年5月第1版 2019年7月第9次印刷
ISBN 978-7-81089-549-1
印数：21001-22000 定价：29.00元

（凡因印装质量问题，可直接向发行科调换。电话：025-83795801）

高等学校建筑学专业系列教材

编审委员会

前　言

据说,古希腊诗人卡里马求斯曾言简意赅地指出:"大部头的书,真烦人!"(图 0.1)这是在公元前250年做出的结论。今天,这句话引起了很多人的共鸣。为了接近广泛的读者,本书首先考虑的一件事:它的篇幅长短。在此基础上,本书有以下四个特点。

简明:在当今追求效率和遵从时间计划的时代,文本的内容完备并且叙述的简单明了是极为重要的。回顾大学时代,我深切地感悟到学生的时间是一种弥足珍贵的稀缺资源之一。因此,把简明性作为建筑学教科书的主要目标是作者的一种极大的荣誉和职责。事实上,简明是通过"用尽可能少的语言提出建筑设计原理"来实现的,这样是对时间稀缺资源的尊重,同时,作者也希望这本书写得恰如其名《公共建筑设计原理》中的"原理"二字。

定位:为了使建筑设计成为可教可学的艺术,这本书除了强调简明性之外,还必须考虑,对初学者来说,真正重要的是什么。

图 0.1 "大部头的书,真烦人!"

在最近的建筑历史中,人们发现需要面对一下子涌现出来的那么多的五光十色、风格迥异、令人眼花缭乱的建筑流派和建筑师;那么多的令批评家、阐释家和观众们手足无措、瞠目结舌的建筑作品和建筑现象;那么多的众说纷纭、斑驳陆离乃至相互矛盾的设计方法和建筑理论。可以说,今天的建筑设计是一种多维现象,初学者往往在眉飞色舞或痛心疾首之间陷入人云亦云、见异思迁的求学歧途,把最旺盛时期的精力和稀缺的时间资源消耗在无谓的激动之中。

鉴于此,本书的定位在于尽可能地避开上述潮流中某些特殊的"吸引力",而致力于建筑设计的基本原理和基本方法的讲解上。事实上,当各种思潮和流派之间的争论喋喋不休地进行时,建筑设计的基本原理和方法始终保持着对特殊建筑现象的识别能力和解释能力。

结构:《公共建筑设计原理》是大学教育中建筑学专业学习的主干课程。遗憾

1

的是,适合如此重要课程的教材却相当少见。相反,各种关于建筑设计的作品集、方案图录、设计资料等书籍却俯拾即是。为了适应这种新的知识背景,同时考虑到学生学习上的便利,本书一方面涵盖了作为建筑设计入门知识所需要的所有内容,另一方面,这些内容并没有按照传统的顺序来安排。

每个研究领域都有自己的语言和思考方式。物理学家谈论力、运动、能量守恒;法学家谈论正义、权力、禁止翻供;预测家谈论星相、掌纹、生辰八字。

建筑师也没有什么不同。空间、形式、比例、尺度、功能、构图、文脉、环境——这些术语都是建筑设计语言的一部分。本书前半部分便是从基本概念和术语理解入手,因为它们是学习、交流和设计的基本平台知识。这本书的后半部分内容由浅入深地介绍了建筑设计过程的一般步骤、原理和表现方式,它们所讨论的主要是方法领域,希望学生能够了解"像建筑师一样的思考"是什么意思。

观点:这是一本关于建筑设计入门的教科书。对于那些急于跻身设计潮流或想成为大师的学生或许不能在本书中得到满意的答案。为了弥补这一点,作者建议本书可与其他专著同时阅读。

建筑设计是一项复杂的多元化的领域。很明显,这一复杂问题没有简单的答案。但是,为了叙述上更加清晰,书中的一些观点采用了明确的、甚至是绝对化的论断。这是因为在工作和教学实践中,通过与建筑师及建筑学专业的学生们接触,作者体会到,明确的意见比笼统的说明更容易激起他们的兴趣。某种程度上的武断的意见将给读者提供做出反应的依据,激发他们去追求进一步的理解,即使是仅仅为了反驳这种意见。总之,作者希望读者无论是接受还是反驳书中的观点,最终他们将会在阅读过程中获得收益。

总之,这不是一本关于建筑创作的书,而是一本向初学者提供一种学习工具和思考方式的书。

刘云月

2003 年 6 月于天津大学

目　录

1

1 导 论

1.1 建筑观的来源与建筑设计的特点

建筑观,套用哲学的话语,就是人们对世界建筑和建筑世界总的看法。

看法从何而来呢？首先,人们在城市中穿行,周围被各种各样的建筑物所环绕。现实中这些真实的建筑带给人们最初的印象,形成了一个直观的看法,即规模是把建筑同一般物品及艺术品(如绘画、雕塑等)区分开来的一个重要标准。如果你恰好正路过一个建筑施工工地,看到了那种复杂的分工、组织和建设过程,那么你会对"规模"的概念有进一步认识,即这是一种与社会的和城市的活动相适应的规模,建筑不是自然之物而是存在于自然和人类活动的交接面上的物体。这一中庸的带有哲学意味的看法恰如其分地反映了建筑的存在方式。

直观的看法在印象上是有力的,但在分析上却是薄弱的。如果你是一个建筑学专业的学生,出于对职业的或专业的兴趣,你会常常走进一个建筑物内部(例如图书馆),或翻看一本本建筑杂志,偶尔也阅读一些其他文学艺术作品,这时,眼前所看到的将是两种我们主要与之打交道的建筑现象,一种是以建筑摄影、方案图以及模型照片形式呈现的,称之为"形"象建筑;另一种是以语言、文字描述出来的,称之为"意"象建筑。这两种"建筑"与上面提到的真实的建筑一起形成了我们对世界建筑和建筑世界的总看法的来源。

由于存在的规模和方式不同,图纸上的形象建筑给我们提供了观察和思想方式上的便利条件。当人们在真实的建筑物之间浏览,围绕着它来回走动时,其印象是零散的、片断的,是一种"历时性"的效果。相反,人们对形象建筑的观察却是瞬间完成的,建筑自身的形态、局部与整体的构成关系,以及它与周围环境的关系等形成了一种较大范围的"同时性"视角。从信息的完整性方面讲,从形象建筑中获取的印象和看法是更为真实的,这是建筑设计原理所涉及的最基本和最重要的层面。

但是,要形成更为完整的建筑观,仅以视觉范围的大小为依据仍然不够。宋初古文运动的先驱之一王禹偁在《黄冈竹楼记》中记述了一个其貌不扬而情韵幽深的湖北乡土小建筑:"黄冈之地多竹,大者如椽,竹工破之,刳去其节,用代陶瓦,比屋皆然,以其价廉而工省也。……因作小楼二间,与月波楼通。远吞山光,平挹江濑。幽阒辽敻,不可具状。夏宜急雨,有瀑布声;冬宜密雪,有碎玉声。宜鼓琴,琴调和

1

畅;宜咏诗,诗韵清绝;宜围棋,子声丁丁然;宜投壶,矢声铮铮然。皆竹楼之所助也。"如果建筑不是根据使用者的理想、公共的态度和价值来综合规划,或者说,我们如果不能从自然、社会文化以及人类的历史传统和现实生活中的各种"有意义的事件"(Significant Objects)中来拓展对建筑的感受,那么,我们的建筑观念必将像画在海边沙滩上的图画一样,随时会被抹掉。

由上可见,我们在现实生活中一般总是面对着三种建筑现象:真实的、图像的和意象的。其中,图像的层面是建筑设计的主要领域,而真实的和意象的层面则构成了设计的双重原型。"建筑"一词既表示了按一定目的或原型而展开的营造活动(Design),同时又表示了这种设计过程的结果(Architecture),达到真实的和意象的统一。

所谓的建筑设计原理,便是把(真实的或意象的)原型落实到图像层面(设计过程)的方法体系(如图 1.1)。也就是说,在平面构图、空间布局、组织以及立体构成等设计中应综合考虑和最终解决来自真实原型方面的诸如结构受力的安全性、使用功能的合理性以及营造过程的经济性和可行性等要求,同时,还要考虑精神意象方面的审美要求等(图 1.2)。

图 1.1　图板上的活计——把思想投射在图纸上

1911年漫画家为路斯的Goldman & Salatsch 住宅立面设计(1910—1911年)所画的一幅漫画。原始的注解文字是:一个非常摩登的人,在穿越马路时深思着艺术。他突然站住不动了,原来发现了他寻找已久的东西。

图 1.2　原型的故事:模糊的边界——关于游戏与严肃之事

2

1.2 当代建筑设计的研究范围

在建筑学科中,建筑设计始终是其核心部分。从专业的角度来看,建筑设计包括了为建造一幢建筑物所需要的工程技术知识,即建筑学、结构学以及给水、排水、供暖、通风、空气调节、电气、消防、自动控制以及建筑声学、建筑光学、建筑热力学、建筑材料学乃至工程经济学(概预算)等知识领域。由于建筑设计与特定的社会物质生产和科学技术水平有着直接的关联,使得建筑设计本身具有自然科学的客观性特征。然而,从古至今,建筑设计又与特定的社会政治、文化和艺术之间存在着显而易见的联系,因此建筑设计在另一方面又有着意识形态色彩。上述两点构成了建筑设计既有自然科学特征同时又有人文学科色彩的综合性专业学科。

从另一角度来看,由于建筑设计的终极目标永远是功能性与审美性,因此,建筑设计的研究对象便与设计的功能性与审美性有着不可割裂的联系。就设计的功能性而言,建筑设计涉及相关的工程学、物理学、材料学、电子学、经济学等理论研究的相关成果和原理;就设计的审美性而言,建筑设计还要对相关的艺术美学、构成学、心理学、民俗学、色彩学和伦理学等进行研究。如此广阔的研究领域,表明了建筑设计是一种边缘性和交叉性的学科。因此在建筑设计原理研究中所涉及的知识范畴(图 1.3)可以划分为两个层面:上层是精神范畴,称之为"设计中的理论"(Theory in Design),由于建筑设计日益超越原来的物质形态设计而必须运用和借鉴其他成熟学科的知识,如社会人文学科;下层是物质范畴,称之为"设计的理论"(Theory of Design),主要是针对建筑设计本身的要素、方法及过程的分析理论,如形式及空间的构成关系。

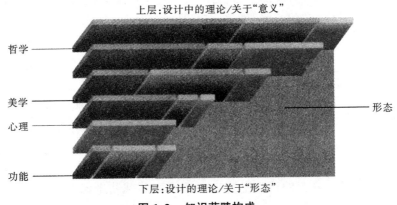

上层:设计中的理论/关于"意义"

哲学

美学

心理

功能

形态

下层:设计的理论/关于"形态"

图 1.3　知识范畴构成

应该说上述划分是比较粗略的。因为两大知识范畴之间的界限并不总是泾渭分明的，而常常是相互渗透相互交叉的。尽管如此，这种划分的意义在于它揭示了建筑学专业学生在进行建筑设计过程中所常常遇到的某种困境之源。一方面表现为有些学生热衷于汇集、模仿大量的建筑式样和局部构图、图案风格等，在设计中凭着个人的趣味、成见而运用，滥用成法和技巧高于一切。这种"由技入道"的倾向使得建筑设计仅仅涉及建筑的物质层次，其最理想的状态也只是达到解决使用功能问题，难入艺术之门。另一方面则相反，表现为有些学生醉心于哲学或美学理论中的片言只语，将建筑本身视为通达某种玄学理念的附属媒介，这种"由理入道"的倾向又使得建筑设计沉溺于对某种形而上的观念的解释之中，与"语言"混为一谈。建筑设计中出现的解决问题与解释问题两种倾向，说明了学生对建筑设计的研究内容缺乏整体全面的理解。由此而逆向推论，可以说一个"好的设计"与一个"坏的设计"之间的基本区别或评价标准在于看它是否在两种知识范畴之间取得了合情合理的平衡。

建立一种平衡意识是非常重要的。

在物理学中，研究物理现象的一个基本思想便是建立某种平衡，以此为参照点，如力的平衡、能量的守恒与否往往是状态改变的分界点。在经济学中，市场的供需平衡（均衡）可以有效地进行资源配置。在环境生态学中，平衡状态的重要性更是不言而喻。此外在人文思想领域中，有关传统与现代性之间长期悬而难决的纠葛争论、有关理性与非理性之间思维模式之争乃至后现代时期对整个现代思想体系中"二元对立"模式的批判、反思、解构等等都可以看做是"失衡"之后引发的种种后果。平衡意识如此重要，在建筑结构设计中，它要解决的根本问题也不仅仅是单方面地追求结构的可靠性（即安全性、适用性和耐久性的概称），而是在结构的可靠与经济之间选择一种合理的平衡，力求以最经济的途径，使所建造的结构以适当的可靠度满足各种预定的功能要求。

在建筑设计中，平衡意识是一种必需品。

建筑设计原理本质上就是解决设计中各种要素之间的关系的理论体系。事实上，当代建筑学的发展表明，建筑设计的研究内容已从传统的三元素即功能、技术、形式拓展到第四元素——环境科学。历史表明，对各要素之间关系的认识并不是以平衡的态度为基础的。在建筑设计所涉及的知识范畴中，对其中某一方面的重视和强调结果总是与特定的社会需求和特殊的价值观相联系的。换句话说就是对建筑内部要素的不同排列顺序，显示了不同的设计思潮中的独特的美学追求或审美趣味，例如就某些特定的建筑流派或思潮而言，以风格考虑为首者有"工艺美术"和"新艺术"两次典型的设计运动；以形式考虑为首者有"构成主义"和"风格派"等典型的设计运动；以技术考虑为首者有"芝加哥学派"以及所谓的"高技派"等等。

在当代,以环境考虑为首引发了"绿色设计"的建筑思潮。

那么,在建筑设计中强调平衡意识意味着什么呢? 上述历史经验表明,一方面,在建筑设计的研究内容中,各要素之间存在着相互依存、相互制约、相互排斥等诸多关系。换句话说,各要素之间在重要性方面存在着相互竞争的关系。某一因素取得主导地位,这不仅取决于建筑师个人的美学立场,还取决于某一特定时期的社会心理、社会技术与经济水平以及某一群体(集团)的价值观等外在因素的影响。这恰好说明了建筑设计过程实质是在多目标系统内的一种综合决策行为。另一方面,建筑设计原理是对设计的内容、要素及目标之间种种关系的研究,而且是在普遍的、一般意义层面上的研究,其研究对象是一般原理和方法,其接受主体是全体的设计者,尤其是全体的学生。在这一点上,历史上的各流派及其相应的独特理论都可以被看做是对一般原理和方法在深度与广度上的补充和拓展(图 1.4)。

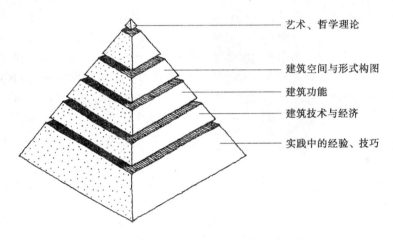

艺术、哲学理论

建筑空间与形式构图

建筑功能

建筑技术与经济

实践中的经验、技巧

图 1.4　一般原理和方法的深度与广度层级图

2 空间与形式认知

2.1 空间认知

2.1.1 类型

图 2.1 自然空间

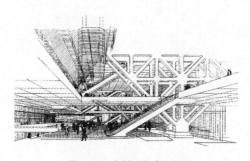

图 2.2 建筑(室内)空间

一种情况,假日中人们在海拔3 000 m的山巅上游玩时,通常并不这样说"嘿,我在3 000 m高的空间里旅游呢!"因为这样说显然是语焉不详,难以理解和沟通。同样,人们即使在山谷形成的空间中徜徉时也不会刻意强调是在某种"空间"中穿行。因为人们对于自然空间通常处于一种日用而不知的状态。自然空间相对于人类有意识的、有目的的组织和营建的空间来说是自由的、无意识的,也是无意义的(图2.1)。

另一种情况,人们走进一个商场或一个证券交易大厅时,可以说"进入了一个空间",尽管这种说法仍然语义模糊,但至少并不让人感到意外或荒谬。之所以允许这样说,因为我们确实是进入了一种与自然空间完全不同的一个空间,它是人们有目的创建和组织起来的(图2.2)。同时之所以存在着语义模糊,是因为这类空间除了具有长、宽、高等基本规定和组织之外,还有其他因素来参与和限定空间的要求。所说的其他因素包括极其广泛,如文化习俗、美学装饰以及构造技术和材料、色彩构成方面的表达等。

事实上,美观的房间由于其内部的恶劣的配色、不相称的家具和不良的照明效果而被破坏的情况是很常见的。这表明,人们为了某种目的而组织和营造的建筑空间除了具有一定的形状(长×宽×高)之外,还要有其他量度(Dimensions),量度除了几何学的三维变量之外,也包括时间(通常所说的第四维变量)以及上面所说的其他因素。所谓空间的含义或特征很大程度上是由上述量度来赋予和标定的。

通过上述分析,首先有一件事情变得非常清楚:空间有着各种不同的类型,如自然空间与建筑空间。在建筑空间这一层面上,又可分为居住建筑空间与公共建筑空间等;进而在每一类型空间的层面上,又可分为"目的空间"和"辅助空间"等;再进而将"目的空间"划分为居室、卧室或办公室、会议室、餐厅、商场等,供生活、工作、学习、娱乐之用的具有单一功能的使用空间。"辅助空间"也可再划分为楼电梯(厅)间、走道、过厅以及卫生间、贮藏间等为使用空间服务的一系列单元部分等等(表2.1)。

表 2.1 空间类型及其内容简表

空 间						
自 然 空 间			建 筑 空 间			
无组织的外部空间	有组织的外部空间		非公共建筑空间	公共建筑空间		
	城市 街道 广场	入口地带 庭院 广场	居住建筑空间 工业建筑空间 农业建筑空间 等等	辅助空间	目的空间	
				交通空间 卫浴空间 设备机房	A B C D	
					各种功能场所	

注:表中 A、B、C、D 等是指各种具有单一功能的使用空间。

2.1.2 概念

事实上,上述划分不是由空间本身的差异造成的。按照一般的理解,空间是与实体相对的概念。按照哲学的观点来理解,空间是物质存在的一种形式,是物质存在的广延性和伸张性的表现。凡是实体以外的部分都是空间,它均匀或匀质地分布和弥散于实体之间,是无形的和不可见的,同时也是连续的和自由的。而建筑空间则是一类特殊的自由空间。当建筑师说要"建造一个空间"时,其实根本就没有造出什么空间,因为空间本来就在那儿。建筑师的所作所为,不过是从统一的和延续空间中划割出一部分而已。但是如果建筑师不能使空间得以认识,也就是说,如果我们不能使从连续的同质的空间里划割出来的那部分空间(建筑空间)与其他空间有所区别,那就是失败。

这样看来,为了发现和认识建筑空间区别于其他空间的真正性质,我们就必须遵循某种间接的方式。一种是发生的或操作性的理解，即建筑空间是用墙面、地面和顶面(顶棚)等平面实体所限定的和围合起来的空间(图2.3)。认识论表明，范畴总是成对出现的，对其中一个范畴的认识和理解可以通过它与其相对立的另一范畴之间的关系来实现。在几何学中的许多概念常常通过操作性认识来理解，如：圆是平面上绕一定点作等距离运动而形成的封闭曲线。在建筑学中，空间与实体是一对最基本的概念或范畴，对它们的认识也是建立在其相互关系的理解之上的，遵循这种方式，老子在《道德经》中的论述"埏埴以为器，当其无，有器之用。凿户牖以为室，当其无，有室之用。故有之以为利，无之以为用"，可以算是世界上最古老而深刻的定义。另一种方式可以通过所谓的"原型＋变量"的方式来认识。这种方式如同形式逻辑学中的"属加种差"的定义方法。例如：人(种)是会制造工具和使用语言(即人与其他动物种类之间的差别)的动物(属)。

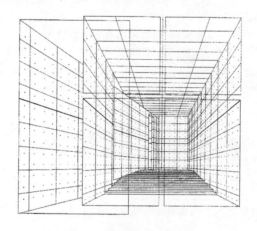

图 2.3　围合起来的空间

同样地，对建筑空间的理解亦可采用此法，也就是说，建筑空间是具有某种目的、某种属性和某种尺度的空间。其中，自然空间可以理解为建筑空间的原型，而目的、属性和尺度等则是建筑空间所必须具有的特征变量，包括对不同的使用功能的满足(目的变量)、对不同文化和审美要求的联系(属性变量)以及对视觉效果的控制(尺度变量)等。

由上可见，第一种方法帮助人们获得一种一般意义上的几何空间，属于容积的概念；第二种方法则帮助人们获得一种具有特殊识别性的空间，属于领域的概念。人们对空间的知觉和认识基于上述两种方法的结合，换句话说，建筑空间就是观者的一种知觉空间。

2.2 形式认知

建筑设计的直接目的是获得某种有用的功能空间。然而,"空间"与物理科学中的重力概念以及心理学中的"态度"概念非常相似,我们不能摸到它、看到它或拿到它。事实上,研究目标的抽象性并没有妨碍自然科学和社会科学的进展,因为无论是物理学家还是心理学家都应用了一种有效的方法,即通过测量和控制那些标志着它们存在的因素来推断它们的影响和形成过程。同样地,建筑师在建筑空间设计方面的进展也是通过控制和组织标志着空间存在的某些因素而取得的。这些因素来自形式领域,包括形状、形象、尺寸、尺度、色彩、质感等因素。它们是建筑师在方案设计过程中所使用的图式语言,也是标志着建筑空间存在的视觉属性(图 2.4)。

图 2.4　**Attention**:这不是建筑师的观察方式,而是化学家认识事物的方式

2.2.1　形式概念

无论是一幢建筑物还是某个单一的建筑空间,总是呈现出一定的形式。例如建筑物是对称式的还是非对称式的;某个房间是封闭式的还是开敞式的,等等。当我们从"形式"的角度来观看建筑时,意味着我们想获知它的最基本的也是最主要的特征。可以说,形式这一概念包含了事物内在诸要素的结构、组织和存在方式。

2.2.2　视觉属性

(1) 形状:是形式的主要可辨认特征,或者说是人们认识和辨别空间形式的基本条件。它是由物体的外轮廓或有限空间虚体的外边缘线或面所构成的。形状可分为具有一定几何关系的规则图形和不规则的自由图形。在所有的图形中,形状越简单、越有规则就越是容易使人感知和理解。例如,圆、三角形和正方形等,它们构成了形式中最重要的基本形状。同样地,基本的形状通过展开或旋转而形成有规则的和容易认知的基本形体。例如,圆可以形成球、圆锥和圆柱体;三角形可以形成棱锥和棱柱体;正方形可以形成棱锥和立方体等。这些基本形体就是人们所说的柏拉图体(图 2.5)。上述那些形状和形体对于我们的视觉来说是鲜明的、实在的、毫不含糊的,因此可以说它们具有极大的优越性,表现了普遍的和特殊的形态美。

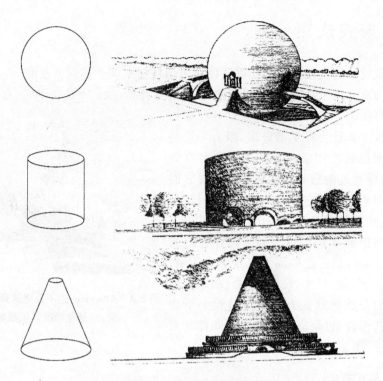

图2.5 柏拉图体与建筑

(2) 尺度:我们已经知道,抽象的形式主要是通过呈现在视觉中的具体的形状来表达的,但是一种形式,例如一个"门"或一个"汤匙"或某个"空间",可以有无数种具体的形状来表达。因此,在实际的设计过程中,形式或形状的选择和应用往往还要涉及别的因素,例如对尺度的考量和推敲往往就会影响到形状的重要性和含义。

然而,尺度到底是什么呢?一种情况是,我们常常用规模这个词来谈论事物,例如大规模的城市住宅建设或小规模的住宅组团规划。再一种情况是,一个建筑方案图上总会标定一个比例尺,意思是说以某一约定长度作为度量单位,去代表实际建筑中的实际尺寸。除此之外,人们常常用所谓的"亲切的尺度"、"纪念性尺度"或"夸张的尺度"等来评论一整幢建筑物的体量或建筑物中某一局部的印象,如门厅的大小。当然,其中谈论和应用最多的术语是——常人的尺度。

由上可见,人们运用这么多的术语是要说明什么事情。事实上,尺度的概念是要求人们在一种事物与另外一种事物之间建立起一种对比和比较关系。这种比较关系包含两层含义:一是整体与局部之间的关系。例如,在正常情况下,对于一个

10

两层的街道办事处的办公楼来说,其门厅设计倘若如同东京市政厅的大堂一样则明显是不恰当的。同样,如果东京市政大厦的门廊(图2.6)高度仅相当于日本传统住宅(图2.7)的檐廊大小,则也会被认为是荒诞的。建筑物的整体与其局部之间相对关系所反映的尺度被称为相对尺度。尺度的另一层含义是与所谓的常人尺度这一概念密切相关的。常人尺度(或称人体尺度)是人们在日常经验中以对该物的熟悉尺寸或常规尺寸为标准而建立的尺度关系。例如门的高度、宽度,窗台的高度,楼梯的宽度以及日常生活中家具的常规尺寸等。人们往往用这些熟悉而常规的尺寸作为度量单位来认识和理解空间的大小和高低感受,并在这种比较中得出某种结果,如局促的、紧张的,适用的、舒适的,自由的、空旷的等等空间感受均来自于人体尺度的度量关系。这种度量关系反映了建筑物的绝对尺度。

图 2.6 东京市政大厦的门廊

(3)方位:包括位置与朝向两个要素。方位是影响形状的重要性与含义的另一个重要因素。我们仍以基本形状为例来说明这一问题。例如圆形是一个集中性和内向性极强的一个形状,通常在它所处的环境中是稳定的和以自我为中心的。当人们考虑

图 2.7 日本传统住宅

它的方位属性时,就会发现,圆形处在一个场所的中心或处于边缘时,它的重要性和含义是不相同的(图2.8)。

同样,正方形在造型艺术的历史中代表着一种纯粹性和合理性,它是一种静态的和中性的形式,没有主导方向。当它的一个边与环境的主导交通方向(如城市道路)平行时或与人们的主要观看视线垂直时,它表现为静态的和稳定的,但是当它与环境或视域的方位关系处于其他状况时,则引起动态的和不稳定的视觉感受。正三角形亦然(图2.9)。

由方位和朝向所表达出来的形式的视觉属性,实际上都受到它与环境、场所和人们的视域之间的相对关系的影响,这些影响因素包括围绕形体的视野范围、人们

11

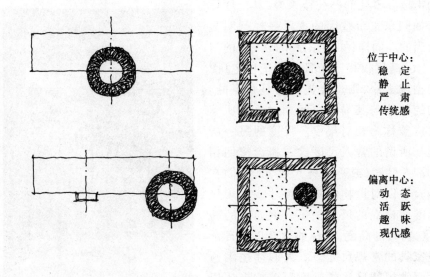

位于中心：
稳　　定
静　　止
严　　肃
传统感

偏离中心：
动　　态
活　　跃
趣　　味
现代感

图2.8　位置与表情

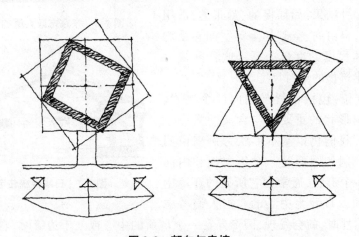

图2.9　朝向与表情

的透视角度和观察者与形体之间的距离等。此外,光照条件对形体的造型作用以及与光照条件有关的色彩和质感等因素,同样构成了形式的视觉属性中极其重要的方面。

(4) 恒常性:通过上述内容,我们已经知道,形式的视觉属性会受到形状、尺度、方位以及色彩、质感等因素的影响而有所变化。但另一方面,在日常经验中广泛存在的与建筑学有关的许多事实表明还存在另一种感知现象,这种现象就是由实验心理学所揭示的"感知恒常性"现象。例如一面白墙,不论是在日光灯还是在

12

白炽灯照射下,也不论是在点光源还是平行光源的条件下,我们对它的感知仍然是"白色的"。这种在照明光源变化条件下物体色觉不发生变化的现象,被称之为色觉恒常(colour constancy)。对于形体或形状的恒常性,透视画法便是一个极好的例子,人们对画面中物体形状或形体的感知不会由于透视变形而歪曲。此外,有关物体大小的恒常性问题在日常生活中更是随处可见,例如,一辆位于远处的小汽车的影像,与一个位于近处的果皮箱相比要小得多,但在我们看来,汽车仍然是一辆具有一定大小标准的汽车。

一般说来,如果我们知道那是什么物体,那么我们就会立刻知道或感知到该物体相应的大小、体积和意义以及其他性质。我们对某物体的熟悉程度越高,对该物体的感知恒常性就越大(图 2.10)。教堂总是被看成教堂,即使它已经改作仓库。感知的恒常性只有在实验室所创造的特殊条件下才可能被打破。这种特殊条件的本质在于它使被感知物的文脉关系或背景关系被取消或歪曲,从而失去了通常用以鉴别对象物特征的某些关键线索。反之,在生活中,感知恒常性的线索总是在那儿的,不会被取消。也正因为如此,美国人拉普卜特(A. Rapoport)在《建成环境的意义——非言语表达方法》中始终强调"在可以得出任何意义之前,必须注意线索(Clue)⋯⋯是推导意义的先决条件"。

**图 2.10　恒常性:熟悉程度越高,
感知恒常性就越大**

其实,关注恒常性的线索不光对观众是重要的,它对于设计者也同样重要。观众所看到的正是设计者所给予的。但这只是问题的一个方面,另一方面,设计者所给予的,是使用者所能理解的吗? 从这个角度来看,建筑设计领域的一个重要方面之一是它(过去是现在也是)强调人们如何思考以及考虑什么,而不是单纯地、片面地强调设计者个人的特定趣味。

3　形式与空间构成

3.1　形式解析

我们已经知道形式的概念包含了事物内在诸要素的结构、组织和存在方式。这是一种抽象的认识或抽象的知识。在建筑设计中,形式问题首先是一种视觉要素,了解这一点至关重要。甚至可以说,直接的视觉是建筑设计中有关信息含义和思想的第一源泉和前提。正因如此,我们看到在当代所谓的虚拟空间和虚拟建筑中,设计者仍然无可奈何地并煞费苦心地把这个"虚拟对象"呈现在人们的眼前。这就是形象与思辨之间的辩证法。不同时代的建筑设计和同一时代的不同建筑师均难以摆脱这个法则。从形式分析的角度来看,为了掌握建筑形式的构成情况和呈现出的视觉特征,我们必须对这种视觉特征进行概念性的归纳,从而了解其内在的运作规律(图3.1)。

图3.1　"目击而道存"——直接的视觉感受是形式信息的第一源泉和前提,即看而知之

3.1.1　元素与形态

在丰富多样的建筑形态中,点、线、面、体四类是它们的原生元素。当然,从几何学的角度来看,点又是其中最基本的元素。由点的移动生成线,再生成面,再生成体,每次移动都增加一个维度。

但是,从建筑学的角度来看,其构成情况恰好相反,体是建筑形态的基本元素,体在它的一个、两个或三个维度上的缩减则得到面、线和点元素(图3.2)。从这个意义上看,建筑设计本质上是属于立体构成的范畴。我们在建筑图上所画出的每一个点、每一条线或每一个面,在实际中都占有一定的空间,具有长度、宽度和高度上的规定。在建筑设计中,要知道区别几何学的解释与建筑学的解释很重要。一个短而高的线体在实际中很可能被当作一个点元素来理解。因此,我们应培养从建筑学的角度来看待平面设计中的各种元素。

14

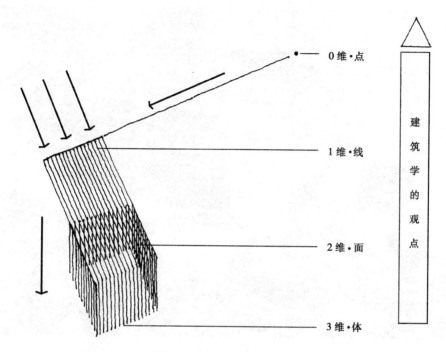

图 3.2　元素与形态:几何学的观点与建筑学的观点并不一致

（1）点:几何学认为,点没有量度,它只代表空间中的一个位置。显然,在几何学的概念中,点没有长、宽或深或高度,它是一个"非存在"。因此,点的概念在建筑学中没有意义。但是,点可以标志一个位置,且这一功能在建筑设计中有着广泛的应用。

首先,一个点可以用来标志一个范围或形成一个领域的中心。即使这个点从中心偏移时,它仍然具有视觉上的控制地位。在这种情况下,点常常代表着一种独立的垂直物,如方尖碑、纪念碑、雕塑或雕像以及塔楼等建筑实体(图 3.3)。

其次,一个面积或体量较小的建筑实体也常常作为点元素来参与整体构图。由于孤立的物体(独立性)在视觉中具有超重性,因此,它在自由构图中往往作为一种平衡手段来应用,并且在实际的应用中较容易地取得均衡的心理体验(图 3.4)。

再次,一个点也常常用来标志建筑物的转角或两端,以及两个线状建筑物的交叉点。实际上,我们常见的在建筑物的转角、两端和线状建筑物的交叉点上所凸出的某些特殊处理,如穹顶、锥体或空框架等都是这种标志作用的体现(图 3.5)。

此外,在建筑群体构图中,点的标志作用具有多重性。一个建筑物端点同时也是另一个领域的视觉中心(图 3.6)。

图 3.3　圣马可广场

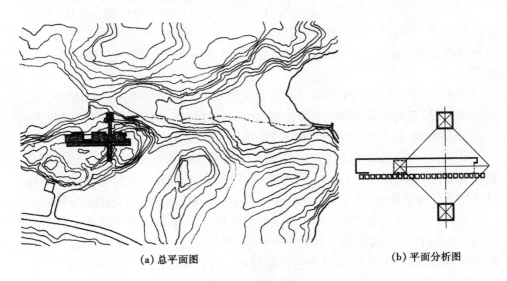

(a) 总平面图

(b) 平面分析图

图 3.4　孤立独处

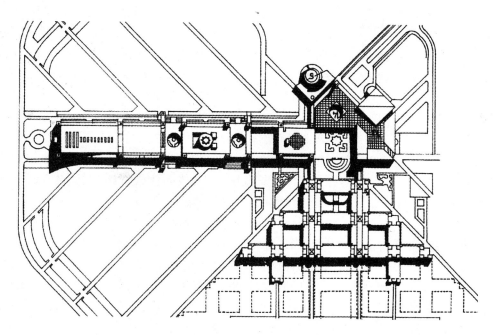

图3.5 两端及交叉点上的特殊处理

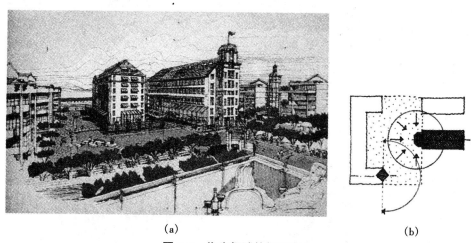

| (a) | (b) |

图3.6 作为领域的视觉中心

　　还有一种特殊情况,在更大的环境范围内,尤其是在高密度的建筑环境中,点元素也可能是一个虚体,即一块公共广场、绿地或水面等,其他的建筑实体均围绕着这一虚拟空间来组织。

　　(2)线:几何学认为,点的运动轨迹形成一条线。同点元素一样,线没有宽度

17

图 3.7 线的连续性体验

和厚度,但它具有一定长度。对于观察者来说,具有一定长度的线段在空间中又具有方向感,如水平、竖直或倾斜。在空间中处于水平或垂直方向的线体在视觉中呈现为一种静止和稳定的状态。而斜线则是平衡状态的偏离,因而具有运动和生长的特征。

在建筑中,任何元素都具有长、宽、高三个维度,本质上都是体(实体或虚体)的存在。一般说来,建筑设计中对线的体验取决于人们对它的两种视觉特征的感知:一是长宽比。长宽比越大,线的体验就越强,反之则越弱。二是连续程度。相似的元素如柱子,沿一条线(直线或弧线)重复排列时,其连续程度越完整则线的体验就越强,反之,当这种排列过程被隔断或被其他东西严重干扰时,则线的体验就变弱,甚至消失了(图 3.7)。

在建筑设计中,线的作用很多,概括起来有下面几种典型的应用(图 3.8):一是联系和连接作用,如长廊和建筑内部的交通过道等。它是联系或连接两个领域、两个房间或两座建筑物时常用的要素(图 3.8(a),图 3.8(b));二是支撑作用,如建筑中的柱子、梁和网架的杆件等(图 3.8(c));三是装饰和描述作用,如暴露的柱子或空框架,它们表现了面和体的轮廓,并给面或体以确定的形状(图 3.8(d))。同时,线还可以描述一个面的外表质感特征(图 3.9)。

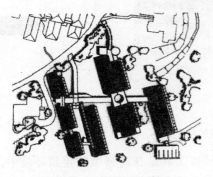

图 3.8(a) 线的联系作用

图 3.8(b) 线的连接作用

18

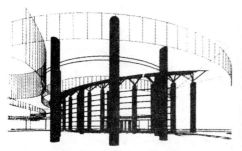

图 3.8(c)　线的支撑作用　　　　　　　　图 3.8(d)　线的装饰作用

图 3.9　线的装饰、描述作用

　　此外,在设计中建筑师还常常用一种不可见的、抽象存在的线来作为组织环境和空间实体的要素。一个典型的例子就是轴线的应用。轴线是一条抽象的控制线(图 3.10),其他各要素均参照此线在其两侧作对称式的安排。有时,建筑师为获得对某景物的观赏而在设计中常常考虑保留一条视觉通道。这时,视线的控制作用并不要求其他要素作对称式布局。

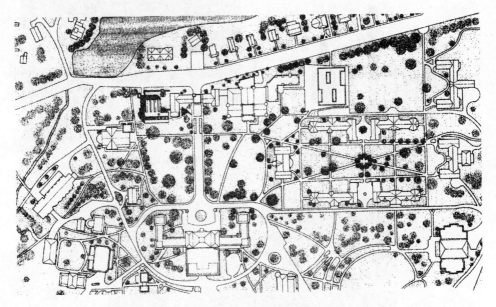

图 3.10　抽象的控制线

图 3.11　面的折叠

（3）面和体：即使从纯几何学的观点来看，面和体的关系也是极其密切的。一条线段沿着一条直线运动可以形成一个面。当线段沿着一个闭合的曲线或折线而运动时，则会形成锥面、圆柱面和棱柱面，同时也形成了锥体、圆柱体和棱柱体。

可见，建筑中的实体和空间（虚体）是由面元素的折叠和围合而成的（图 3.11，图 3.12）。面元素在其形状、大小尺寸、表面质感和色彩以及方位上的变化都会影响到建筑的体特征和空间的感知效果。

实际上，人们在看一个建筑物时，建筑的面特征和体特征是同时呈现在眼前的，但由于建筑物所处的位置以及环境的不同，人们对建筑整体的感知有时侧重于面特征（图 3.13），有时则会对建筑的体特征感兴趣（图 3.14）。

图 3.12　面的围合

图 3.13　感知:侧重于面特征

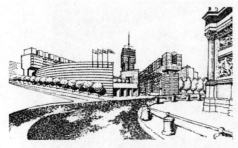

图 3.14　感知:侧重于体特征

3.1.2　原理与构图

　　建筑是形式与空间的艺术,形式与空间不仅构成了建筑的本体,同时也是建筑艺术表达其思想、文化含义和人文价值观的重要媒介。建筑的内在含义问题,由于这些内容常常受到言人人殊的解释和不同文化影响的支配,因此,它主要是建筑史的研究对象,本书则不做更多的探讨。

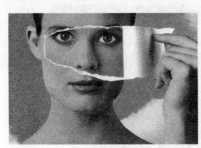

图 3.15　裁决:直接的视觉效果

　　其实,在建筑的形式和空间设计中有一个基本的领域,那就是全部的形式和空间要素聚集在建筑中所呈现的视觉效果(图 3.15)。这是一种非常重要的基础知识。在当代,尽管人们习惯地称建筑设计是一种语言表达,但应注意,建筑中的语言同一般的语言有一个根本的区别,那就是在建筑艺术中,任何概念在它找到恰当的视觉表现形式之前都是不可言传的。也就是说,直接的视觉效果和视觉体验是某种设计思想的最终归宿。

　　在现实中,由单一的形体构成的建筑是极其少见的。大多数情况下,建筑的平面和体量总是由不同的形状和体块聚集而成的(图 3.16)。这种聚集过程是为了实现某种功能目的而进行的。但是建筑设计仅仅确定了目标合理性(如功能目标)还不够,建筑设计还有其更为广阔的领域,那就是对过程合理性的认识。也就是说,为了更好地实现某种功能,建筑构图的基本原理和方法便显得极为重要了。上面所说的在建筑中各种形状和体块的聚集过程,实质上是建筑空间的分类和组织过程。不同的聚集状态反映了各要素之间不同的"关系",便呈现出不同的视觉体验。对这些视觉体验的分析和归纳,便可在感性上和概念上形成一定的具有普遍指导意义的构图原理。

图 3.16　形状与体块的聚集

构图原理可分为基本范畴和基本原理两部分内容。

1）基本范畴

前面提到的形式的视觉属性,诸如形状(包含长、宽、高等维度)、尺寸、方位和表面特征(色彩、质感纹理等)以及由表面特征引起的视觉重量感等因素,都属于构图的基本范畴。此外,隐含在两个或两个以上要素间的关系之中的潜在的视觉效果,诸如对称与均衡、比例与尺度、韵律与节奏、对比与微差、变换与等级都是建筑构图的重要范畴。可见,构图原理的基本范畴实际上就是建筑形式中首要的、直观的和特有的要素,同时也是建筑师实现和协调体量组合的基本手段。

（1）对称与均衡:建筑史表明,建筑艺术在某种意义上讲是建立在左右对称的基础上的(3.17(a))。在相当长的时间内,不对称的建筑被认为是古怪的,需要做出某种解释的(图 3.17(b))。而现代,不对称但均衡的构图则被认为是现代建筑艺术的基石(图 3.17(c))。意大利人布鲁诺·塞维(B.Zevi)在《现代建筑语言》(1978 年)中认为非对称性是现代设计的首要要素。其实,在当代的建筑造型中,对称式构图比我们想像的要多得多,对称式并非专属于古典时期,现在它仍然具有广泛的应用领域。

（a）　帕提农神庙:对称与均衡的构图　　　（b）　东汉陶楼明器:不对称但均衡的构图

23

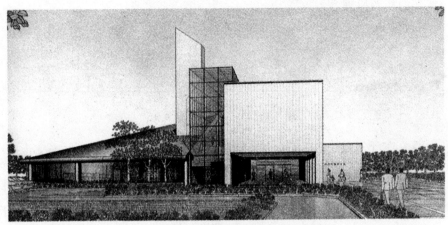

（c）现代建筑中局部对称而整体均衡的构图

图 3.17　对称与均衡图

（2）比例与尺度：在建筑设计中，建筑形式的表现力以及建筑美学的很多特性都起因于对比例的运用。

在数学中，当两个数值的比，如 $a:b$ 或 $c:d$ 相等的时候，比例的概念便建立起来了。比例是两个比相等 $a:b = c:d$。那么，问题随之而来，a、b 或 c、d 在建筑中能代表什么呢？我们知道，建筑形式的第一性质的东西是它的几何形状。因此，在建筑师的实际工作中，通常不仅考虑数量比值的相等，而且用几何直线来表现比例关系，也就是图形的几何相似性是表现比例的视觉依据（图 3.18）。

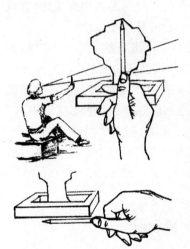

图 3.18　比例与尺度的视觉依据

在图形相似的种类中最多和最常用的一种是矩形相似，当两个矩形的对角线平行或相互垂直时，那么这两个矩形是相似形（图 3.19），因而，两矩形之间的比例关系便出现了。

如果把若干个相似矩形连续地排列在一起，就会发现两种基本比例关系：算术比例和几何比例。算术比例是指相邻两个矩形之间的高度差为一常数 h。矩形尺寸的相互关系表示为：

$$H_1 - H_2 = H_2 - H_3 = H_3 - H_4 = h$$

几何比例是指相邻矩形之间的边长之比相等，即：

$$H_1 : H_2 = H_2 : H_3 = H_3 : H_4$$

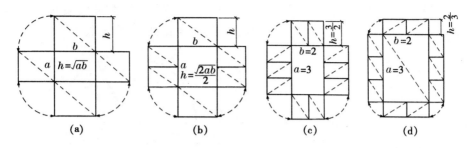

图3.19　相似形:对角线平行或垂直

有关算术比例和几何比例的应用问题,自古就引起过建筑师的注意。例如,为了使一个空间的长、宽、高之间有一个全面的比例关系,或者说为使一个空间具有良好的比例感,那么,就需要在确定房间高度时借用算术比例或几何比例来协调。在确定一个立方体空间高度时,维特鲁威、阿里别尔吉、巴拉吉奥等人就曾建议根据平面尺寸(a 和 b)来决定室内高度(h),即 $h = (a + b)/2$(算术比例)或 $h = \sqrt{ab}$(几何比例)(图3.20)。

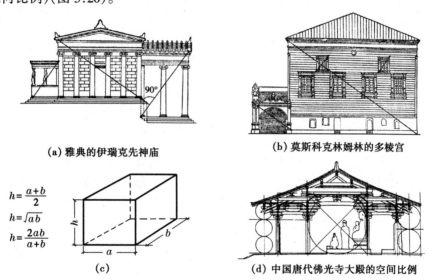

(a) 雅典的伊瑞克先神庙　　　　(b) 莫斯科克林姆林的多棱宫

$$h = \frac{a+b}{2}$$
$$h = \sqrt{ab}$$
$$h = \frac{2ab}{a+b}$$

(c)　　　　　　　　(d) 中国唐代佛光寺大殿的空间比例

图3.20　室内高度与比例

在比例的种类中,黄金分割始终占有特殊地位,在文艺复兴时曾被人们奉为"神的比例"。黄金比是几何比例的特例,在几何比例中,当把最后一项用前两项之和替代时,即 $a:b = b:(a+b)$(注意:式中 $b > a$),此时便可得到一个著名的数列:
1:1:2:3:5:8:13:21:34:55…

不难看出,从第三项开始,任何一项均等于前两项之和,相邻两项的比值将趋近黄金比0.618…,下图是两种几何作图法求得黄金比(图3.21)。

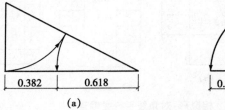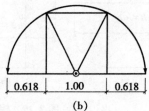

图 3.21　黄金比作图法

比例在建筑的窗或墙面的艺术划分中有着广泛的应用,例如高度为3个单位的建筑物部分,可以进一步划分出2~3个相似形;同样,高为4的建筑物部分,可以进一步划分为3~4个相似形。以此类推(图3.22)。

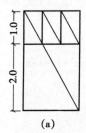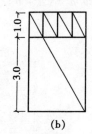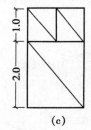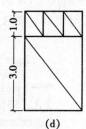

图 3.22　相似形的划分

此外,还可以利用$\sqrt{2}$~$\sqrt{5}$矩形的特性进行整除划分。利用对角线之间垂直关系,$\sqrt{2}$矩形可分为2个相似形,$\sqrt{3}$矩形可分为3个相似形,…,$\sqrt{5}$矩形可分为5个相似形,而且每一种划分都能正好把整个矩形面积除尽(图3.23)。

在建筑中,比例概念是指两个图形或图形内部各局部要素与整体之间的相似和匀称关系。形式诸要素之间的类似或相似是建筑物之间匀称和有比例感的基础,同时,比例的实质也是韵律排列规律的表现。

以上,我们概略地讨论了比例的含义和应用。在考虑比例问题时,要注意避免两种错误倾向:一种是偏爱某一比例系统(如黄金比),而把其他比例系统摆在次要地位;另一种倾向更应引起注意,那就是在建筑设计中,比例问题不仅仅存在于纯数学关系中,事实上,建筑物的功能要求和结构类型的力学性能总是决定着比例的性质和特点。如柱间距、跨度随着材料性能(砖石、木、砼、钢结构等)的不同而呈现出不同的适宜性表现,它们对比例的表现力有着决定性的影响。

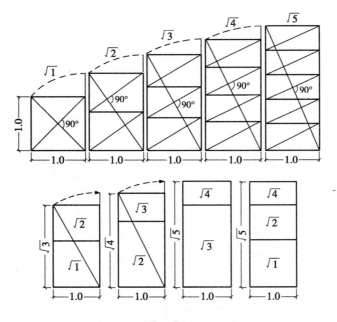

图 3.23 √2～√5矩形的划分

总之,比例的作用可以使构图获得和谐。建筑中的比例从本质上说来源于图形相似关系的建立、结构类型的逻辑表达以及功能需要对尺寸关系的支配和调整等一系列综合作用。

然而,在建筑构图中仅仅考虑比例关系还不够,当一个建筑物要表现某些重要部分的重要性时,此时便涉及与比例密切相关的另一范畴——尺度。

一般说来,尺度有两种含义,第一种含义是在大地测量学和建筑制图中,尺度就是比例尺。它是图面上的线段长度(或面积)与实际实物线段水平距离(或面积)的比。通常有两种表达方法:①数字比例尺,如 1/100,1/200,…,1/500 等;②直线比例尺,三棱尺便是直线比例尺的具体应用。尺度的第二种含义是作为建筑设计和构图的基本手段之一,用来表现建筑形式、体量和规模的宏大程度的。

尺度同比例的作用一样,是建立在两个因素之间的比较和衡量关系之中的。但这仅是问题的开始。当我们比较两个体积相等的建筑物时,建筑师又根据什么说一个剧院的尺度能够比一组绝对体积和它相等的住宅的建筑尺度更大呢? 这样看来,比例与尺度所衡量的内容是有根本区别的。比例关系是从属于数量定义的,而尺度则是一个质量概念,涉及建筑的主题(纪念性与非纪念性、居住与公共等),涉及纯数量关系之外的形式力度感,如强弱、大小、轻重等(图 3.24)。此外还涉及由于位置和环境的关系而要求建筑的形象性和象征性等在主观、客观上的满足等。

27

图 3.24　尺度作为质量的概念

由于上述原因,我们在实际经验中知道,建筑物的绝对尺寸小时也能有很大的尺度(如陵墓),而大的建筑物尺度却可能很小(如多层住宅),因此,实际体积相同的建筑物由于所处环境、位置和使用性质的不同而产生不同的尺度表现。

如果说,比例的运用追求的是一种形状"相似"的和谐,那么,尺度的运用则追求一种"相称"的和谐,即与人们的知识、经验和期望相称。

在建筑设计中,要取得和谐的比例感和相称的尺度感,是没有捷径可走的,只有细致入微的推敲,三番五次地放宽、收窄、拉长或缩短图形关系,不断地试验不同关系的效果才能获得。对于这样的工作,物美价廉的草图纸是最好的帮手之一。此外,良好的尺度感总是建立在建筑物同周围环境相称、与建筑物内在主题相称、与人的尺度和期望相称这三者综合考量之中的。因此,在尺度推敲方面,建立一个包括环境、现状的全景模式是极其理想的直观手段(图 3.25)。

总之,建筑构图中的比例感和尺度感虽然是最基本的要求,但却需要花费大量的心血才能达到。为了能够正确理解、真实地评价建筑物的组合、地位、意义及其与周

图 3.25 尺度问题:全景直观

围环境的相互关系,多投入一些时间、精力和物质成本是非常值得的。因为,尺度感的建立是跨入建筑艺术殿堂的一道门槛。

(3) 对比与微差:了解了比例的概念,就不难理解,建筑学中的对比与微差是反映和说明建筑物中同类性质和特性元素之间相似或相区别程度的一对构图范畴。对比和微差关系,可以在尺寸和形式以及色彩、材料的表面特性处理乃至光影变化和室内照度等方面被发现。

首先,对比关系是指性质相同但又存在明显的差异,如大小、轻重、水平与垂直之间的关系(图 3.26)。

其次,微差关系则相反,是指尺寸、形式和色彩等彼此区别不大的细微差别,它反映出一种性质和状态向另一种性质和状态转变的连续性的趋势,如形状从全等图形到相似图形,尺寸由大至中到小的变化,色彩由白到灰再到黑等渐变的趋势(图 3.27)。

图 3.26 对比关系

图 3.27 微差关系

在建筑构图中,运用对比和微差时应符合两个条件,其一,并非建筑的任何性质和特性的随意比较都能称之为对比或微差,作为不同种类和性质的要素之间不存在比较的基础,即相异元素之间是没有可比性的,如工业建筑和住宅建筑之间、门与窗之间等。其二,同类元素之间在大小、形式、色彩、表面处理方面进行比较时,还必须考虑到人们处于正常状态下的感觉的敏感度,也就是说,只有当观众能够通过视觉直接、直观地识别出差异时,微差才能作为构图的艺术因素而起到作用。如果实际的差异难以被直观感知和识别,甚至只有通过仪器测量或推测才能判断,那么,微差的艺术表现力也就消失了。

在建筑设计实践中,对比和微差在构图中的价值取决于对建筑整体效果的贡献,也就是说,从整体效果来考虑,在什么情况下应该显示和强调这种关系,而在什么条件下则应相反地缓和或者避免这种关系。尤其是对尺寸方面的微差来说,对它的应用通常不取决于艺术效果因素,而常常受制于建筑构件的标准化、模数化以及建造的经济性等现实要求。

此外,在运用对比和微差时还应特别注意这样的一个事实,即建筑中的对比和微差关系是一个动态效果。例如光线的影响就是一个重要因素,在白天强烈的日照下,我们能明确地辨别出建筑物的主要构图和划分的特点,建筑物受光部分与阴影部分的对比大大加强;晚上的情况显然就不同了,光照产生的对比和微差关系消失了,但随之又会产生新的对比,建筑物在夜空明亮的背景上显出了清晰的轮廓,同时,在建筑轮廓图形之内,明亮的窗户与暗淡的墙面的对比正好是白天对比关系的反转(图 3.28)。

图 3.28　时空变化与效果

(4) 韵律与节奏:在建筑构图中,韵律和节奏均是由于构图要素的重复而形成的。重复的类型有两种:韵律的重复和节奏的重复。

首先,韵律来自简单的重复,在建筑上经常表现为窗、窗间墙等均匀地交替布置(图 3.29);其次,节奏是较为复杂的重复,当构图要素不是均匀地交替,而是有

图 3.29　简单的重复

疏密急缓等变化时,则出现了节奏上的重复(图 3.30)。

　　此外,某些要素在重复过程中还伴有其他视觉属性(如形状、大小、数量、方向等)的变化时,则表现为节奏与韵律的配合(图 3.31)。

图 3.30　复杂的重复

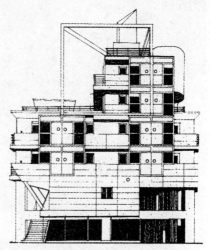

图 3.31　节奏与韵律的配合

　　形式要素以上述方式重复,归根结底是建筑的结构和功能的直接表现。从原则上讲,美学的构图应服从这个根据。如果从结构和功能的角度来看待韵律和节奏,那么,我们在一些复杂的结构体系中会看到韵律和节奏重复的一些变体,如在高层建筑中,除了水平方向的窗、窗间墙、柱间距等韵律构成之外,在垂直方面上还会有由于层高的变化而形成节奏构图(图 3.32)。

　　表面上看来,在建筑构图中,形成韵律和节奏的建筑要素之间的关系可以呈现出几何级数比(等比序列),也可以换算成算术级数比(等差序列)。但是,精确的数学比不是节奏的基本性质。同前面提到的"对比和微差"问题一样,节奏和韵律效果的形成不一定要依据某些数学比,但首先必定是视觉所能感觉到的排列。此外,在创造节奏排列的表现力时,不仅是节奏因素的特点和布置手法起着重要作用,还在于节奏因素的数量。研究表明,形成最简单的韵律排列或者节奏排列,至少应需要 3~4 个能造成连续变化的因素。数量越多,越能反映出排列的性质和特点。但是,话又得说回来,数量的增加虽然可以加强节奏的表现力,但这只是在一定的限度之内。要是没有任何限度,必将导致相反的结果,产生千篇一律和单调冗长的感觉。因此,关于节奏和韵律的运用实际上包含两个问题:一个是上面提到的关于形成节奏和韵律的条件问题,另一个则是关于节奏的结束或停顿问题。

　　此时,我们只要回顾一下关于"对比和微差"的讨论,就会发现其中已经蕴含了

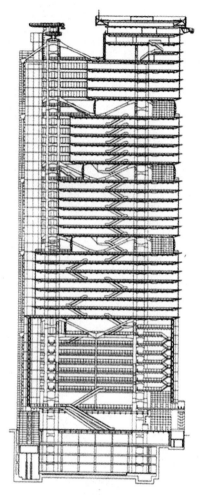

图 3.32　节奏与韵律的垂直变化

解决节奏停顿问题的一般处理方案。利用微差处理手法,节奏序列与其相邻的形式特点之间可以产生和谐的过渡关系,从而使节奏序列自然得结束。而通过对比,则可以使节奏序列产生明确的中断。在这种情况下,节奏序列的美学特性很大程度上取决于中断因素的位置和性质。如图 3.33 所示,如果把节奏序列看成是一系列的主动因素(称之为重音)和被动因素(称为间歇)的交替过程,那么,节奏的中断和停顿可以通过加强中央要素的对比变化而使节奏序列呈现出明确收敛效应,也可以通过加强因素的对比关系而使节奏序列呈现出某种运动的趋势。而运动倾向的终点就形成了一种有力的停顿。

图 3.33　节奏的收敛与停顿

2) 基本原理

前面我们已经从形式美学的角度探讨了若干关于基本范畴的性质和特点,在建筑的整体构图中,对范畴的选择和运用最重要的方面在于要服从一定的基本原理。由于建筑的综合性和多种目的之间的层次性,建筑构图的基本原理亦表现为一种并列的层级思想。这种并列的层级思想最早的表述就是众所周知的"保持坚固、适用、美观的原则"。(维特鲁威的《建筑十书》)一千多年以后,在西方资本主义初期,另一位建筑大师沙利文(Sullivan)在美国芝加哥的摩天楼设计实践中更是极而言之地指出了建筑构图中的本质问题。1896年他写道:"全部物质的与形而上学之物……都存在一条普遍法则,即形式永远追随功能(form ever follows function),这就是法则。"在随后的半个世纪中,这条法则极大地影响了建筑构图和建筑设计。从某种意义上讲,在21世纪所谓的生态建筑设计中又再次证明了这一法则的价值和潜力。

在我国的现代建筑初期,曾把"适用、经济,在可能条件下注意美观"作为建筑设计的总方针(1952年,第一次建筑工程会议)。即使在当代,适用、经济、美观也一直是指导建筑构图和评价建筑设计的基本依据。

由上可见,古今中外,虽然建筑设计的基本原则、方针或法则在表述上各有侧重,但它们的观点都有一致性的地方,那就是对功能的强调。因此,功能法则是建筑构图原理的第一层含义。

从功能的角度来看,建筑物的实际用途或使用上的完整性是构图的首要条件(图3.34)。因为我们都知道,办一件事情总要依次经过一定的手续或程序。人们活动范围的统一性或使用上的完整性要求各个相关房间在位置安排上应该有一种合理的联系。同样,我们的经验表明,房间窗户的尺寸、天花楼板的高度以及许多物体的一般形状只适合于某些目的(功能)而不会适应别的目的。从这个意义上讲,"形式追随功能"所确立的是一种合理性原则。鉴于这条法则本身所遭致的种种批评,尽管有些时候是不公正的,但我们不妨把这条法则作为一种底线策略:假如建筑构图损害了功能的合理性,显然就不会是一个好的方案。使用的完整性和行为逻辑的连贯性一旦受到破坏,不管其他方面设计得如何,看上去都会使人觉得无目的,而且表面化。

建筑构图原理的第二层含义是建筑主题的相称性。建筑的主题除了形式和空间之外,还有更为广泛和深奥的内容,例如上面提到的功能(目的主题)。建筑对人们精神状态(如信念、意志、期望等)的象征性表现也构成了建筑主题要反映的重要方面(图3.35)。例如,建筑师在接到设计任务的同时,常常会听到业主这样的要求:"我们想通过建筑来表现我们的……"或"……象征我们公司的……"。这时候,业主的某些意志和期望便构成了建筑的主题内容之一了。

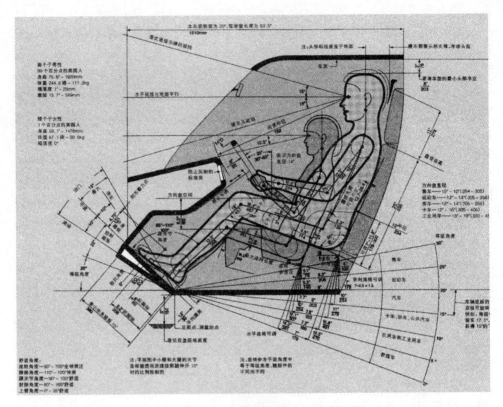

图 3.34　功能：居住的机器

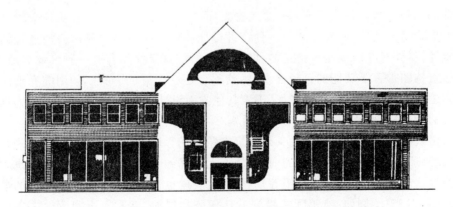

图 3.35　相称：期望与象征

如何把上述那样抽象的概念同建筑的形象性联系起来,的确很困难,但却是建筑师推脱不掉的责任。对于某一文化背景中的大多数人来说,概念和形象之间已经建起了牢固的联系,这是一种习惯的联系。对于现代西方人来讲,教堂就是教堂,即使在教堂已改用为仓库时亦然;同样,对于某些西方人来讲,只有哥特式建筑才意味是"教堂",他们觉得,只有哥特式教堂才能与他们的期望相称。这种认知的相称性在日常生活中的例子很多。比如,收音机、radio、电匣子都是同一事物的指称,一般人都说"收音机",学过英语的人有时也叫它"radio",而东北农村的农民常说"电匣子"。如果你是一个知识分子,平时都讲"收音机",但对 radio 也可以接受和理解,并且也可以使用。与此同时你还可以知道收音机有一个俗名叫"电匣子",但平时是不用的。一旦使用,人们马上会感觉出它的地方性、知识水平和使用者的身份等。认知的相称性在心理学当中有一个相应的理论,叫做"期待状态理论"。其实,在没有理论的时候,生活事实总在教导我们怀有这样的期待。

在建筑形式和体量构图中,公共建筑看上去就要像公共建筑,住宅看上去就要像住宅,而纪念性建筑看上去就要有纪念性。造成类型上差别的根本原因在于不同尺度的运用,这一点已经明确了。而在同一类型中(如在公共建筑类型中),不同建筑之间形象上的差别首先也根源于尺度和比例因素的不同,其次才是其他美学范畴的表现。

建筑构图原理的第三层含义也是最高级的原则——统一。很多人认为,统一性是古典建筑美学的最高原则,这是非常正确的,但如果说,统一性已经退位于现代或当代建筑美学的核心范畴,则是非常片面的。

当代建筑美学和建筑构图原理经过"后现代"的洗礼之后,要想从中找出一个可以替代统一性的另一个核心范畴或原则,是非常困难的,也是徒劳的。在所谓的"现代建筑"之后的建筑理论和实践中,理性与感性之争、个性表现与时代新风格等理论纯属一笔糊涂账。设计理论家往往过多地注重前卫的设计、探索性的设计、形成(局部)运动的设计,其结果是往往忽视了现实中主流的、大量的与普通人的审美趣味和要求相称的设计。这种只见树木、不见森林的媒体导向加重了混乱的理论状况。

当然,从社会发展的角度来看,我们处于知识迅速膨胀、更新较快的信息时代中,建筑杂志的数量和理论的视角也随之增加和扩大,这是一个不争的事实。但是,从"知识"和"经济"的角度来想,知识的年折旧率是多少?知识的淘汰率又几何呢?显然,其答案随着行业和领域的不同而有着不同的运算。

对于建筑艺术理论来讲,它具有双重特点:一方面它表现为随着时代的进程而呈现整体膨胀的特点,即共性方面;另一方面则是其专业特性所决定的,即它的艺术属性决定了所谓的折旧和淘汰问题是毫无意义的。在过去的若干年中,建筑的

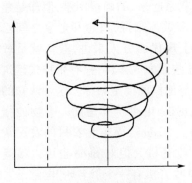

图 3.36 历史的重复与艺术趣味的演进

艺术表现方面只不过是以某种方式卷入了对过去百年或千年知识、价值、情感的重复。我们的历史、建筑的历史所允许的只是置换、重组和重复(图 3.36)。从古希腊和古罗马风格到中国的汉唐神韵、大屋顶以及乡土民居风情等均构成了现代生活的有机部分。它们的物质式样连同其中的构图理想——统一原则,在今天仍然制约和规范着当代建筑设计,成为所向往的经典。

在基本方面,统一性的含义和效果常常用和谐、协调、呼应、完整性和一致性等次一级的量度来体现。它要求建筑构图中部分与整体之间的主从关系,细部构件和装饰同主体尺度感的协调,以及建筑材料质感、色彩之间的匹配与和谐等外在的统一性;同时,它也要求使用功能的完整性和连贯性,功能、结构与形式之间的逻辑关系,以及平面、立面和剖面之间的技术合理性等内在的统一性。

近年来,随着社会的发展,评价建筑构图的统一标准已从美学的范畴中走了出来,向着提高城市环境质量和社会生活质量的综合的方向发展。例如,建筑构图与场地综合开发利用之间的综合平衡关系,建筑构图与城市人文环境之间的关系,建筑构图与地域的自然环境之间的关系等。也就是说,场地周边的现状、城市景观规划、所处地段的历史文脉以及建筑物所处地域的气候、阳光、日照、风向、雨量等生态因素都可以是建筑构图中统一的一致性基础。

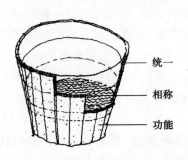

图 3.37 木桶曰:"构图的基本原理和层次性是水平问题。"

统一
相称
功能

由上可见,从过去到现在,建筑构图中的统一思想没有改变,但是形成统一的基础因素随时代的发展而变得多元和深入,从有形的因素到无形的因素,从可见的形态标准到不可见的质量标准等。但应该知道,变化过程本身反映了统一性具有不同的层次性,而不意味着可以用一个层面的要求来替代甚至取消另一层面的要求(图 3.37)。在建筑设计中,失败的原因往往在于:统一问题并没有统一地考虑过。

3.2 空间构成

假设一下，如果应物理学家的请求，下一届建筑师罗马奖(Prix de Rome)竞赛的题目是"宇宙设计"，情况会如何呢？一看是要设计宇宙，许多人大概就会把设计方案搞得极其繁杂，以便使他们设计的"宇宙"能够展示出各种各样令人感兴趣的现象。

用复杂的设计来产生复杂的效果并不难。但物理学家并不这么做。相反，他会只给出几种基本粒子，如电子、质子、光子等，然后再制定出支配粒子之间相互作用的几种方式：引力作用、电磁作用、强作用和弱作用。这就是现代物理学对宇宙的认识和设计的起点(图 3.38)。

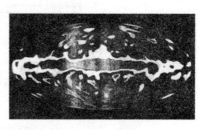

图 3.38　宇宙设计

相对于古典建筑设计而言，现代建筑师对建筑中"空的部分"(即空间)的兴趣有增无减，并且从理论上承认空间是建筑的"主角"或本质之一。在现代设计中，当它触及哲学、心理学、科学和艺术的诸多分支领域的知识时，空间设计的复杂性无疑就像"宇宙设计"一样的难题摆在初学者面前。不过，幸好物理学家的工作为我们提供了一种参考，他们认为自然界的现实就像洋葱一样有着层级组织关系，对它的认识可以分层进行，人们可以不必理解原子核就可以理解原子，核物理学家也不必等待粒子物理学家的工作。同样地，对建筑空间的设计也不必等待全部的知识系统都被理解之后才能动手工作。

从最基本的层次上看，空间构成设计可以简单地理解为建立界面三要素以及它对量、形、质等基本属性的满足。

3.2.1 界面

一个房间是由地面、顶棚和墙面来限定的。因而，基面、顶面和垂直面是空间界面的三要素。一个独立的面，其可以识别的第一性特征便是形状，它是由面的外边缘轮廓线所确定的。独立面形状的种类可以有无穷个。然而，在建筑中独立面的使用是较少见的。因而，一旦出现独立的面，那就意味着它需要依附特殊的目的或特别的解释(图 3.39)。

在通常情况下，建筑中的各个面要素之间总是相互联系且延续的。这时，面的表面特征，如材料、质感、色彩以及虚实关系(实墙面与门窗洞口之间的关系)等因素将成为面设计语汇中的关键要素。

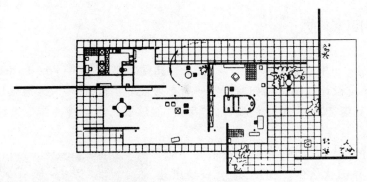

(a) 巴塞罗那德国馆

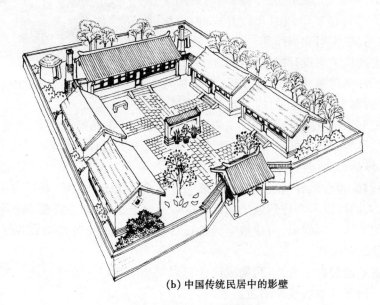

(b) 中国传统民居中的影壁

图 3.39　独立的墙面

1) 基面

基面包括地坪面以及各楼层的地面。基面支撑着人们在建筑中的各种活动,由于绝大多数人都不愿做梁上君子,因此,基面设计是必要的。

一般说来,人们对基面的注意力不太自觉,因此在设计中常常把它做成连续的水平面,以满足正常的、多种行为活动的要求。如果有必要把基面设计成可感知的变化,就必须对质感、色彩和图案图形等要素进行有效的控制(图 3.40)。如机场迎宾仪式中在地面上铺一条红地毯以取得引导作用;舞厅的地面材料、质感及图案变化可以划分活动的领域。此外,地面标高的变化既可以划分空间可以获得无障

40

碍的视线或取得无干扰的休息环境。

图 3.40　基面的变化

2）顶面

建筑空间与外部自然空间的不同之处：建筑空间的塑造必须在高度上有限定，顶面就是空间容积的上限（图 3.41）。为了认识从自然空间中划分建筑空间的过程，我们只需把两只手掌上下相对，慢慢使之靠拢或分离，这样，我们马上就会感受到顶面对于空间的重要性。

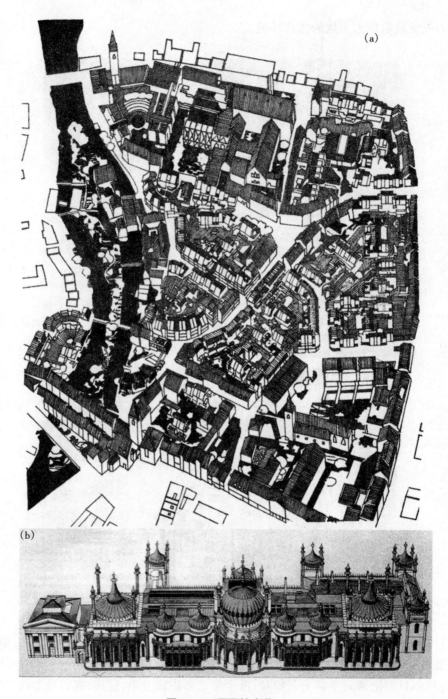

（b）

图 3.41　顶面的变化

通常,从空间内部看,建筑的顶面就是楼板、横梁以及吊顶等组成的水平面。除了特殊的、个别的空间顶面需要强调和处理成有趣味的视觉效果外,多数空间的天棚应保持简洁。从外部环境的角度看,建筑物的主要顶面要素是屋顶面。它不但影响建筑物整体的造型效果,而且还是体现结构技术水平、自然气候特征和社会文化传统的直观的空间形体。

3）垂直要素

在建筑空间中,我们最了解的是垂直面,而不是基面或顶面。垂直的各种要素总是与我们面对面的存在,因而它在人们的视野中是最活跃和最重要的一种空间构成要素,也最具有视觉上的趣味性。

垂直要素是空间的分隔者和背景。一般而言,垂直要素可分为垂直面要素和垂直线要素两大类别(图 3.42,图 3.43)。这两大类别对应于空间的两种典型形态:完全封闭空间和完全开敞空间。完全封闭空间是由四个垂直墙面围合而成;完全开敞空间是由四个角柱暗示出来的。前者是一种实体形态空间,后者则是一种虚体形态空间(图 3.44)。

图 3.42　垂直面要素

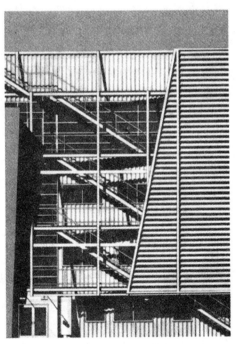

图 3.43　垂直线要素

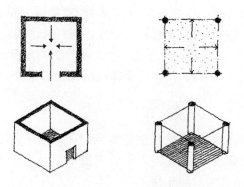

图 3.44　两种空间形态

由垂直要素限定的空间中,"封闭性"和"开敞性"是空间的两种基本特征。而在实际的工作中,建筑师常常兼用这两个基本手法来创造空间,以取得丰富多变的空间形态。

实际上,空间的封闭性与开敞性之间的相互关系可以通过下面的途径来理解:一个是面要素的减少(减法);另一个是线要素的增加(加法)。

(1) 面要素的减少。相对于完全封闭空间形态,通过减少其中一个或两个或三个垂直面,可以相应地获得各种形态的空间,如"U"形空间、"L"形空间、平行面空间以及独立的垂直面所限定的空间,等等(图 3.45)。

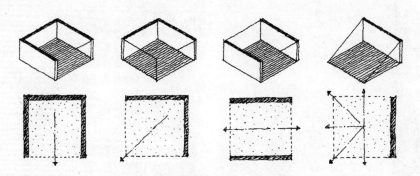

图 3.45　面要素的减少

随着面要素的减少,空间的封闭感减弱,而开敞性逐渐增强。同时,重要的是空间的开敞性带来了空间的方向性的变化。

(2) 线要素的增加。在视觉上,线要素的增加——空间中的柱间距逐渐变小,柱子数量增多时,它就逐渐形成"面"的感觉。从而,围合感增强(图 3.46)。

但是,在建筑设计中,柱子的主要作用不是用来围合空间的,而是用来支撑其

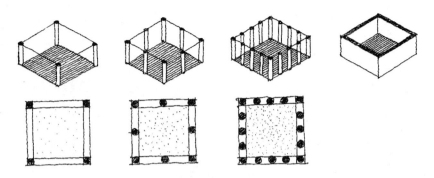

图 3.46　线要素的增加

上部屋面或楼面荷载的结构构件。因此,建筑中,柱的数量、柱间距及跨度的大小应遵循结构力学的要求。在正常情况下,柱子对围合空间的贡献只能是一种"副作用"。

(3) 加法与减法共同作用(如图 3.47)。

图 3.47(a)　加法与减法的共同作用(一)

图3.47(b)　加法与减法的共同作用(二)

图3.47(c)　加法与减法的共同作用(三)

3.2.2 控制

其实,围合或开放本身没有任何价值。围合的程度和质量只有在与给定空间的功能发生联系时才有意义。也就是说,空间的构成方式要受到功能的制约。一般说来,功能对建筑空间的规定性体现在三个方面,即量、形、质的规定性。

(1) 量的规定性。一个画家也许从来就不会去数一下他的作品中究竟画了多少个人或形体,因为其数目常常是根据构图的需要直接确定的。但对于建筑设计而言,首先,建筑师就必须明确该建筑或某个房间是为什么而建造的,其内部将进行哪些活动,以及人们的活动或行为通常需要多大的空间范围等。也就是说,平面面积的大小将为我们的设计工作提供最初、最基本的信息和线索。

(2) 形的规定性。在建筑方案设计中,单单知道使用房间的平面面积大小,还不足以创造出一种有用的使用空间,因为它还缺少与量的因素同样重要的属性——形的规定性。也就是说,平面的形状或长宽比例是其中另一项需要考虑的重要因素。解析几何中的知识告诉我们,平面面积相同的房间可以有多种乃至无数种形状。但如果考虑到使用功能的情况,那么在无数种平面形状中可供选择的数量便会少之又少。以中小学的普通教室为例,在容量为 50 人,平面面积为 60 m^2 左右的教室中,由于受到教学方式、桌椅尺寸和排列方式等具体使用功能的限制,因此教室的平面形状、进深和开间大小(长宽比)就应得到特别的关注。

由上可见,要获得一个有用的空间,首先要具备两个条件:一是满足一定的容量(容纳的人数以及相应的面积、规模),另一个是控制形状(即长 × 宽 × 高,比例关系)。

(3) 质的规定性。从最基本的层面而言,我们已知道空间的量与形是为达到某种功能活动所需要的必要条件。但如果仅仅停留在这一点上,就会掩盖许多重要的细节,从而使建筑设计这一与人类生活息息相关的伟大艺术失去了应有的深度和广度。研究表明,如果说量加形的规定性保证了空间的适用性(图 3.48),那么,质的规定性则赋予了空间的舒适性。

空间的舒适性设计包含了两方面因素:一个是生理方面。显然,温度是人类舒适的首要尺度,其次重要的是湿度(尤其是在夏季高温时)。在日常生活中,人们都知道影响房间内舒适的各种因素,如日照、空气流动以及对流造成的热转移等。气象数据表明,在夏季晴朗的日子,暴露在日光下温度计上的记录,要比阴凉处的温度高 20℃(68°F)左右。在我国南方地区的夏季太阳辐射十分强烈,据测试 24 小时内的太阳辐射热总量,东西墙是南向墙的 2 倍以上,屋面是南向墙的 3.5 倍左右。因此,辐射热是造成人们舒适或难受的一项重要因素。一般说来,温度、湿度、空气流动(通风)和辐射是影响生理舒适的主要外部因素。因此,在主要的或重要的使

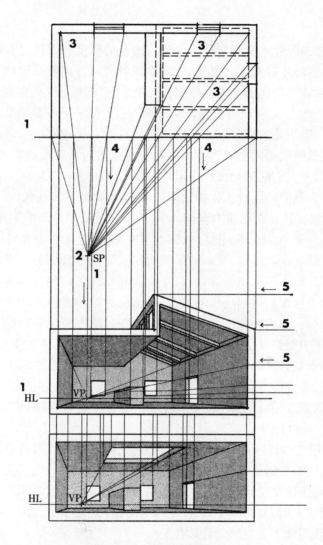

图 3.48　量与形的配合

用空间设计中,考虑房间的朝向、方位、开窗大小以及通风气流的组织等这些基本的质的规定性尤为重要(图 3.49),对东晒、西晒和顶层房间的处理需要格外关心,尤其在倡导节能、生态设计和可持续发展思想的当代设计中更应引起高度的重视。

　　舒适性设计的第二个方面是人文领域所追求的文化归属感、领域感或场所设计层面。这也是空间设计中质的规定性的重要内涵之一。遗憾的是对这部分内容的讨论已超出了本书的范围,故不做深入的展开分析。

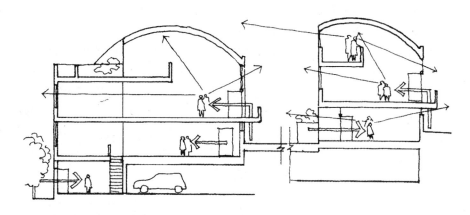

图 3.49　基本的质的规定性

3.3　话题链接

3.3.1　切身问题:为什么划不出空间来

许多学生或许会注意到,指导教师对设计作业的评语中使用最多的是这样一些:"……功能分区不好"、"这个空间不好用……"以及"就这种规模或性质的建筑来说,门厅太大了(太小了)……"等等。这些专业的意见表明,学生"划"不出建筑空间的原因其实很简单:他们常常从画法几何学的角度来完成图板上的活计,从而忽略了对建筑空间设计来说至关重要的特征变量的考虑。遗憾的是这种缺陷随着学生较早地使用计算机来替代手绘草图的学习方式而日益加重。因而,只有当初学者第一次觉悟到空间设计不是从确定的尺寸核算开始,而是应当从对特征变量的推敲开始时,许多设计的艺术性和广阔的创造性领域才会展现在他们面前(图 3.50)。

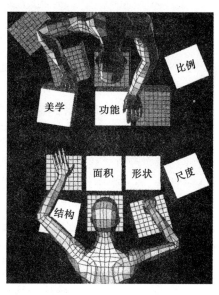

图 3.50　"一个都不能少"

据说,在西班牙内战期间,一位建筑师受命设计一座牢房。他发明了一种半透

49

明的、颜色繁杂的、由许多尖锐交叉平面组成的多面体——一个危机四伏的领域。关在其中的囚犯,如果不将这个小室推倒或毁坏就无法躺、坐、弯腰或跪着。小室的表面很光滑,阳光下灼热烫人,而夜里则寒冷刺骨。在任何光线下单看一种颜色都令人头痛,而多种颜色极不协调地掺杂在一起就愈发让人痛不欲生,以至于发狂。显然,上述空间对人的影响力以及人对空间的体验均来自于形状、容积、尺度、材料、色彩、光和影等空间特征变量的综合效果。

如果人们能够设计出令人痛苦的空间,那么我们也能够创造和设计出令人产生愉快的建筑空间(图 3.51)。而创造和设计这样一种积极空间的秘诀仍然是取决于建筑师对空间变量有效而敏锐的控制。

图 3.51 愉快的空间

3.3.2 知识系统:空间设计的深度与广度

通过上面对建筑空间的概念和空间影响力的认识,可以说,建筑空间设计是我们设计过程中最重要也最困难的方面之一。之所以重要,是因为建筑空间是人们生活的容器,是人生中最主要的体验之一;之所以最困难,是因为空间设计所涉及的知识不仅仅是凭三个维度来衡量的。

按流行的观点来看,建筑及其空间的功能和含义涉及物质和精神两大范畴。这一经典的两分法长久以来为建筑设计提供了发达而成熟的构图原理(物质层次)和美学原理(哲学层次)。然而,建筑设计并非单纯的"物质"生产和没有"精神"的实践。从这一点来看,上面的二分法是绝对正确的认识:因为它确认了某种大实话,所以正确。然而,倘若仅仅以此为基点来指导建筑设计却是不够的,因为物质和精神二分法这种正确认识还不完全是对建筑设计的真正认识,至少它不能使建筑设计与绘画、雕塑等其他艺术活动区别开来,因为所有的艺术活动都可以归因于

50

物质和精神两方面的解释。因此,我们必须穿过正确的东西而寻找真正的东西,从而使建筑设计的知识系统更加完整起来。

上面读似绕口令般的说法并非一种文字游戏,相反,如果没有一套完整的知识结构来指导设计,那么,仅靠流行的二分法只会使建筑设计沦为一种真正的游戏行为,例如"玩构图"和"追思潮"的设计倾向就是两种典型的游戏态度。

那么,有没有什么能构成设计的真正基础呢? 从以人为本的基本原则出发,人们发现,建筑的用户、使用者的某些行为和活动需要某种特定的建筑空间或环境。反之,建筑空间或环境中的某些特征因素会鼓励或禁止人们的某些特别行为。这是环境行为心理学的两个基本假定,事实亦然。在当代建筑设计领域中,对与建筑空间和环境设计相关的心理学知识的应用已变得越来越重要。这种重要性的凸显得益于现代建筑之后人们对设计者的意义与使用者的意义的区别所给予了普遍关注。从整体上说,以往的设计中,建筑师常常会从自身的立场出发来选择某种构图和美学表现,倾向于把建筑视为表现设计者自己的专业素养与高尚艺术品味的媒介。当然这并没有什么不好,因为这是建筑师的特权。但问题在于,建筑物在城市生活中的公共性质造就的建筑的使用者和"用户"是各式各样的:包括在建筑内部日常工作的人,还有参观该建筑以及访问其中工作人员的"用户",另外一些"用户"是指在某种意义上"使用"该建筑的人,他们在建筑的入口处安排与别人会面或约会,或在城里走路时把它作为一个认路的标记,还有的人仅仅把它作为日常生活中的一个怪例或趣闻听听而已等等。上述这些用户的反应构成了建筑意义的主要内容。使用的意义或称用户的福利一方面形成了对设计意义的挑战因素,另一方面则意味着以往的设计基础知识尚不完善。

很清楚,对这一复杂问题并没有简单的答案。然而只要仔细地研究一下上述考虑的中心问题——空间环境对人的影响以及人们使用空间的行为方式,就会找到解决此复杂问题的重要开端(图3.52~图3.57)。

由上可见,建筑空间设计的知识系统应包含下面三个基本领域或层次:

(1) 构成原理——物质层次;

(2) 环境—行为心理——中介环节;

(3) 美学原理——哲学层次。

图 3.52 空间环境对人的影响及人们使用空间的行为方式(一)

图 3.53 空间环境对人的影响及人们使用空间的行为方式(二)

图 3.54　空间环境对人的影响及人们使用空间的行为方式(三)

图 3.55　空间环境对人的影响及人们使用空间的行为方式(四)

53

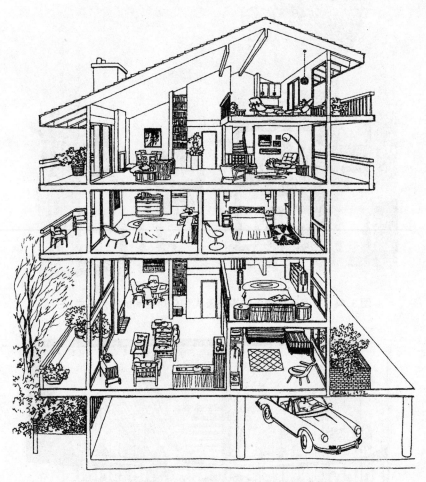

图 3.56　空间环境对人的影响及人们使用空间的行为方式(五)

图 3.57　空间环境对人的影响及人们使用空间的行为方式(六)

4 建筑方案设计:原理与方法

在我们学习和工作的各个阶段,几乎每一件事情都得有个开始,都得从头做起。同时,一提到开头,人们就会习惯性地想到"万事开头难"这句话,想必每一位学生都对此深有感触。

其实,之所以"万事开头难",究其原因主要有二:一是知识不足。表现为初学者对建筑设计的条件、方法和原理等的无知,或知之不够,或知之有误。二是思路不对。表现为对建筑设计起点的忽视甚至漠视。由于初学者往往"志向远大"、"无知而无畏",因此常常对设计的一般条件和基本限制因素看不到,或者不想看。不难理解,一般人们所关心的是设计的结果,例如建筑是否与众不同、样式是否流行以及使用是否方便等。对"结果"的关心并不是建筑师所特有的,作为一种"职业思维",其特点更多地体现在设计者及其同行对设计起点问题的思考,即考虑为何这样设计和如何才能达到这个结果。

很多情况下,"为何"和"如何"的问题答案并不是来自于空想,而是来源于那些实实在在的、对于学生来讲又常常是"视而不见"的场地条件。可以说,建筑的场地条件分析既是设计过程的开始,同时也是建筑思维的开头。

4.1 总平面图:场地分析与设计

图 4.1 场地有哪些线索?

建筑方案设计应具备哪些条件呢?

换言之,"任务书"中所开列的清单是否就是方案设计的全部条件呢?

在回答问题之前,我们先想一想在设计教室中经常听到的一些"短语",例如教师有时常问"总图什么样,拿来看看"或者"用地周边情况如何";有时则建议"把这两部分调换一下"或者"把整个构图颠倒过来是不是更好",以此来提示学生在建筑构图中所忽略的某些必要的环境线索(图 4.1)。而在学生方面,经典用语——"地形能改造吗?"或者"要不然就换块场地吧!"则充分反映了年轻人的自由意志和对场地条件的漠视或无所谓的态度。

事实上,作为建筑方案设计的条件,有些是明显的、有些则是潜在的;有时是明确的、有时又是笼统的。归纳起来大致有如下几方面:

(1) 设计任务书。一般是由建设单位或业主依据使用计划和意图而提出的(大型建筑项目须经"可行性研究"后提出),经过审定和批准而作为设计主要依据的文件。从一个完整的设计任务书清单中可获知这样四类信息:① 项目类型与名称(工业/民用、住宅/公建、商业/办公/文教/娱乐/……)、建设规模与标准、使用内容及其面积分配等;② 用地概况描述及城市规划要求等;③ 投资规模建设标准及设计进度等;④ 有时,任务书中还包括建设单位(业主)的一些主观意图描述。例如,业主常常提出一些"大口号":"国内领先水平"、"20 年不落后"或者希望设计成某地区的"标志性建筑"等。这些要求和想法都属于建筑的时代性问题。

(2) "公共限制"条件。新建筑一旦介入到城市或区域的环境当中,就会引起现状的某些改变。为了保证建筑场地与其他周围用地单位拥有共同的协调环境和各自利益,场地的开发和建筑设计必须遵守一定的公共限制(图 4.2)。公共限制条件主要来自国家及地方政府的有关法律、法规、规范、标准等规定。任务书中的

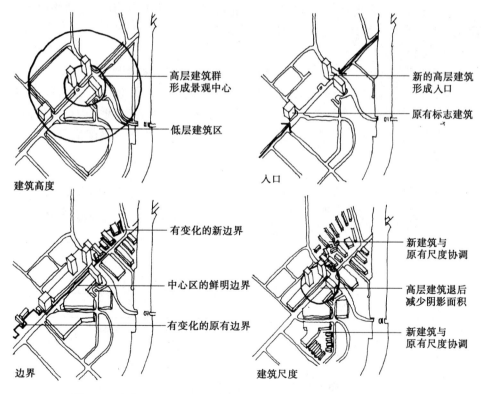

图 4.2 公共限制:关于建筑高度、主入口方位、平面边界、建筑尺度

城市规划部门的要求以及与建设有关的消防、人防、交通、环保、市政等主管部门的要求同样是公共限制条件的重要内容。

（3）图式条件。任务书清单的内容以及公共限制的规范要求大多是以书面条文的形式提供的,设计"作图"之前应把这些条件转化为总平面图中的图式条件。图式条件可从两方面来考虑:一是平面限度,即场地平面中最大可建建筑区域的确定;二是剖面限度,场地剖面中最大可建建筑容量的确定。

4.1.1 平面限度

平面限度最基本的目的是关于场地划分的数量和使用性质的限定,一般包括下列几种边界限制:

（1）建设用地边界线

建设用地边界线业主(开发商、建设单位或土地使用者)所取得使用权的土地边界线。在土地私有的西方国家,人们一般称之为地产线(Property Line)。在我国,该线有时又被称为征地线。建设用地边界线是场地的最外围界线,它侧重于强调土地的使用、收益和处分等权能的财富属性和经济责任,具有严谨的法律意义。但地产线并不是对场地可建设范围的最终限定。

（2）道路红线

道路红线是城市道路(含居住区级道路)用地的规划控制线(图4.3)。道路红线之间的限定范围是由城市的市政、交通部门来统一建设管理的。建筑物的地下部分或地下室、建筑基础及其地下管线一般不允许突入道路红线之内。此外,对于建筑的窗罩、遮阳设施、雨棚、挑檐等突入道路红线内的宽度和高度应符合有关规范的规定。

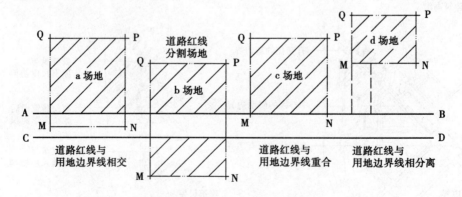

图4.3 道路红线与用地边界线的关系

(3) 建筑控制线

又称建筑线或建筑红线,是建筑物基底位置的控制线。建筑控制线所划定的范围就是可建建筑的区域范围(图 4.4),它的划定主要考虑如下因素:

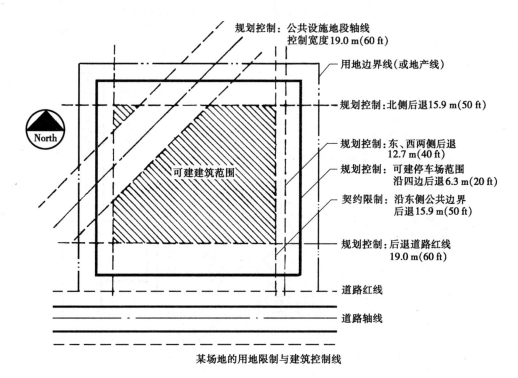

图 4.4　用地限制与建筑控制线

① 道路红线后退:场地与道路红线重合时,一般以道路红线为建筑控制线。有时因城市规划需要,主管部门常常在道路红线以外另定建筑控制线,这种情况称为红线后退(或后退红线)。

② 用地边界后退:在确定建筑物基底位置时还要考虑到该建筑与相邻场地或相邻建筑之间的关系。为了满足防火间距、消防通道和日照间距而划定的建筑控制线,称为后退边界(图 4.5)。

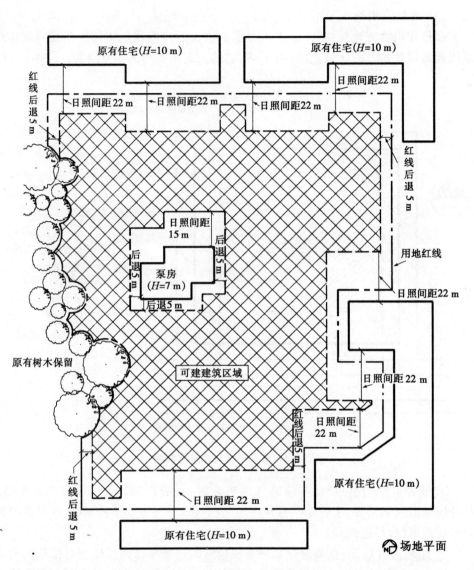

图 4.5 日照间距与建筑控制线

4.1.2 剖面限度

场地内建筑物的高度和容量影响着场地的空间形态,反映着土地的利用情况,同时,又与建筑的社会效益和环境效益密切相关,成为场地设计中重要的因素。

在许多人的观念里,建筑的高度是自然而然出现的:当清点完建筑层数,并把层高累加起来便得到了建筑的高度。其实,建筑的高度问题与其面积规模相关,更重要的是它还与建筑的地点有关。这或许出乎一些人的意料。

当建筑处于保护区或建筑控制地带(按照国家或地方制定的有关条例和保护规范,在国家或地方公布的各级历史文化名城、历史文化保护区、文物保护单位和风景名胜区及其周围一定范围内划定的需要对有关工程建设行为加以限制的区域或地带)内时,对建筑的高度限制是不难理解的;当建筑处于居住区内,或毗邻于居住区的住宅楼时,建筑的高度又要受到日照规划的影响,这也是不难理解的;当建筑处于市中心或区中心的临街位置,或位于步行街两侧时,建筑的高度同样要考虑街道宽度对它的影响。为了确保道路日照而对建筑高度的限制称为"斜线控制"(图4.6)。

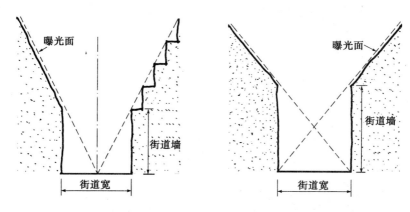

图4.6　斜线控制

此外,建筑高度限制也是确定建筑物等级、防火与消防标准、建筑设备配置要求的重要参数。

综上所述,平面限度和剖面限度的分析明确了场地内最大可建建筑范围(图4.7)。有了这个限度,建筑物在总平面中的位置问题是否就迎刃而解呢? 显然不行。最大可建范围的确定只是总平面设计的前提,它要求的是场地内建筑的长度、宽度或深度不能超越某些控制线。接下来的工作将涉及总平面的功能问题。例如,"主入口设在何处"、"主要立面应朝向哪条道路"、"建筑的构图形态与周边现状、景观有何关联"等,这些都是总平面图设计要解决的功能问题。

为了使问题简单化,我们可以认为在方案阶段总平面设计的中心问题便是场地内建筑物的位置选择及其形态规划。

对于大多数一般类型的场地而言,建筑物的位置与形态是场地内最重要的组织要素。而对于建筑物的位置与形态组合设计来说,建筑的性质与场地特征又成

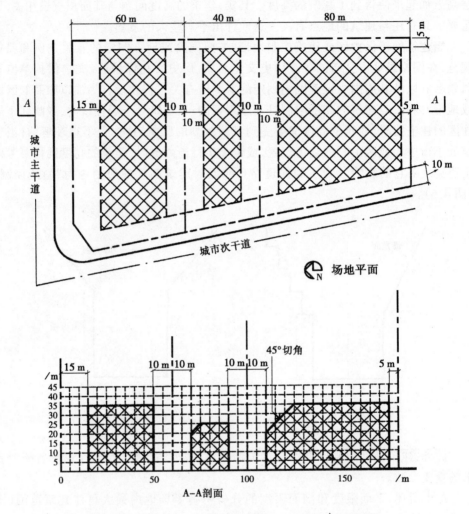

图 4.7 平面限度 + 剖面限度 = 最大可建建筑空间范围

为其最主要的影响因素。

    首先,建筑的性质是场地布局和功能分区的基础。不同类别和使用性质的建设项目,其总平面功能布局往往差别较大(图 4.8)。例如,在剧场或电影院的总平面设计中,其主入口前应有至少每座 0.2 平方米的集散空地,而且,大型剧场或电影院的集散空地深度应不小于 12 m;而在大中型商场的总平面设计中,则要求不少于两个面的出入口与城市道路相邻接,或基地应有不小于 1/4 的周边总长度与城市道路相邻接。这些与建筑性质相适应的特殊要求决定着总平面格局的基本面貌。当然,公共建筑的总平面设计所包含的内容是比较多的,除了根据项目性质和

62

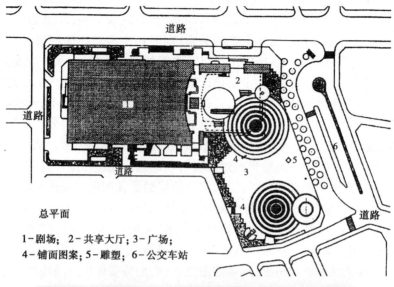

总平面

1-剧场；2-共享大厅；3-广场；
4-铺面图案；5-雕塑；6-公交车站

图4.8 建筑的性质影响场地划分

规模以及公共限制条件而合理地确定建筑物的位置(包括初步形态)之外,还应综合考虑场地内用于人流、物流及车流的活动路线、方式及空间,即场地内的集散用地、道路系统及停车场地等与建筑物的关系;同时还应考虑场地内用于布置绿化、水景、环境小品等环境美化设施的用地以及必要的露天球场、儿童游戏场等室外休闲活动用地等等。简而言之,总平面设计就是要合理地确定场地内的建筑物、道路(广场)和绿化三者之间的空间关系,并进行具体的平面布置。其中,建筑物是场地功能的主要承载者,建筑物的落位直接影响到场内其他用地的划分和功用。

其次,场地特征是影响建筑物的形态及空间组合的主要因素。从理论上讲,总平面设计中的建筑落位问题应根据建筑物所在地区的地理纬度和局部气候特征而优先选择最佳朝向或适宜朝向。例如,北京地区的最佳朝向为正南至南偏东30°以内,适宜朝向为南偏东45°至南偏西35°范围内;而拉萨地区的最佳朝向为南偏东10°或南偏西5°,适宜朝向则为南偏东15°或南偏西10°等等。但是在场地总平面设计的实际工作中,建筑物的布局往往又受到用地现状条件强有力的限制。这些场地特征条件包括场地形状与方位,城镇道路走向,地势变化以及场地周围建筑空间现状与景观等条件。不难理解,建筑物作为城市街区的有机组成部分,为了保证该

图4.9 景观与建筑朝向

地块的和谐与统一,建筑的布置应与场地边界以及城市道路走向形成一定的对应关系。其朝向必然要受到场地形状与方位的制约。在特定的情况下,场地的某些方位有优美的风景景观,如依山傍水或人文古迹、亭台楼阁等,建筑的朝向也应充分考虑这些有利因素(图4.9)。因此,建筑物在总平面中的布局应综合考虑各方面的影响,在理想与现实之间取得平衡,不应单纯追求某一方面的需求而忽视全局的处理。

综上所述,建筑总平面设计虽然是以对建筑物位置的经营为核心问题,但是总体布局同样也是作为整个设计构思过程的关键环节之一。一般应满足以下一些基本要求。

(1)功能与形态:包括建筑物的落位、建筑与场地出入口位置的选择以及场地功能分区之间的空间关系等。

(2)卫生与舒适:包括主要朝向、不同方位的日照情况和日照间距、不同地区的气候特点和建筑通风问题以及防止噪声干扰等。

(3)安全与经济:包括场地内的交通组织、防火间距与安全疏散以及建筑层数设想与建筑面积、建筑密度、容积率等。

（4）环境与美观：包括建筑群体的组合设想、建筑物与其外部的空间关系以及建筑场地与其外部城市空间景观之间的整体构思等。

4.2　建筑平面图设计

多年以来，为了提高建筑设计的水平和竞争力，许多设计院在实际工作中都专门成立了"方案组"，而且是由那些被认为是最有"灵气"的人员组成。可见，建筑方案设计是建筑设计中最为重要的一个环节，也是最具创造力和想像力的一个设计阶段。建筑学专业的学生主要的学习目标便是建筑方案设计。就学习的过程和特点而言，建筑方案设计又以建筑平面图设计为基础，它所包括的内容主要是解决建筑的功能、结构和艺术三方面的要求，即根据不同的建筑性质和用途来合理地安排空间布局，根据建筑的规模、层数以及空间大小来合理地选择结构类型，以及根据不同的或为了满足某种特殊的美学主题或心理趣向而进行艺术化的表现等。

4.2.1　立体空间的平面化表达

建筑平面图是建筑设计的基本图样之一，也是建筑师的专业语言之一。由于设计阶段的不同，平面图所表达的内容和深度亦不相同，同样，由于图纸的比例不同，建筑平面所表现的内容和深度也有所区别。但是，不论处于何种阶段和采用哪种比例，建筑平面所表达的一个基本内容是永远不变的，那就是对立体空间的反映，而不单纯是平面构成的结果。

因此，所谓的建筑平面图，一般的理解是用一个假想的水平切面在一定的高度位置(通常是在窗台高度以上、门洞高度以下)将房屋剖切后，作切面以下部分的水平投影图。其中剖切到的房屋轮廓实体以及房屋内部的墙、柱等实体截面用粗实线表示，其余可见的实体，如窗台、窗玻璃、门扇、半高的墙体、栏杆以及地面上的台阶踏步、水池及花池的边缘甚至室内家具等实体的轮廓线则用细实线表示(图4.10)。

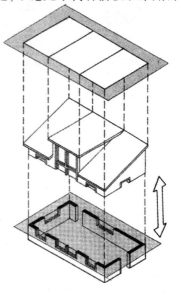

图4.10　建筑平面图的概念

从结构的观点来看，平面图中区分了两种实体：一种是有承重和支撑作用的实体；一种是没有承重荷载功能的实体。这是建筑师用粗实线和细实线所表达的基本含义。

65

把平面图看做是立体空间平面化的表达,这一观点很重要,这是区别建筑方案与一般平面构成作品的关键所在。

4.2.2　平面秩序的建立

从平面图的概念和表达方法中我们看到,建筑师设计的建筑平面图中往往充满了各种符号,例如点和线、粗线和细线,有时还有色彩或数字等,这些都是人们"读图"时的线索(图 4.11)。

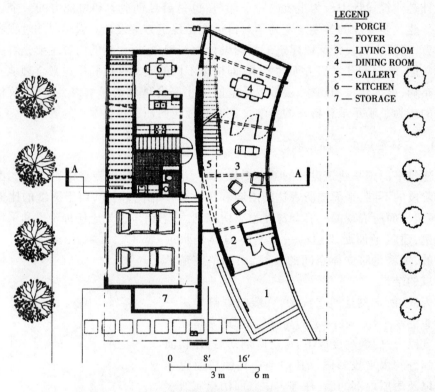

LEGEND
1 — PORCH
2 — FOYER
3 — LIVING ROOM
4 — DINING ROOM
5 — GALLERY
6 — KITCHEN
7 — STORAGE

0　　8'　　16'
3 m　　6 m

图 4.11　制图符号:读图的线索

然而,从建筑设计的角度来思考,平面图中各种符号的位置、形态、大小等关系是如何确定的呢? 也就是说,如何进行设计? 广义地讲,所谓设计,就是设想、运筹、规划与预算,是为了实现某种特定目标而进行的一种决策过程。对于建筑设计来讲,建筑或营造的直接目的是为了提供某种使用空间,而且这种空间要能够适合人们的生活或进行某种社会活动。由于人们的生活或社会活动的内容既不是单调的,也不是杂乱无序的,而是依据某种组织和秩序展开的,因而建筑提供的使用空间也不是单一的,而是各种空间的组合。因而建筑平面设计的任务就是把这种有序的活动编入空间的关系序列,通过把人们的活动或行为分类、分区,在图纸上转译为功能分区规划、面积和容积分配、出入口及路径安排等地图式的空间序列。可以说,建筑平面设计的本质就是一种编序或编程的过程。对于初学者来讲,至于建筑的其他目的,如精神上的或美学上的追求,不妨把这些作为平面编序过程的修正变量来看待。

1）功能模型与动线分析

如果我们能够察觉到图书馆与电影院之间在使用方式上的差别,那么我们就已经意识到了建筑平面布局同人们行为方式之间存在着逻辑上的对应关系。

我们个人的经验是如何被组织或编入一个开放的、公用的公共建筑的平面图之中的呢?为了说明这个问题,我们举一例子来说——不妨先假想或回忆一次应邀参加某个正式而隆重的舞会情景(图4.12):

图4.12　记忆中的舞台

你与其他客人们陆续地到达。

舞会外面的穿堂先有一个鸡尾酒会在等着你,好让你一到场就能跟其他宾客打个照面,从而了解一下舞会请来的是些什么样英雄和美人。等到该打招呼的都打了,不想打招呼的也见了,大伙儿就在一片热闹的气氛中纷纷进入舞会大堂。你只要知道自己桌子的编号或者查看入口处的"座位图",就很容易找到自己的安身之处。

当晚的节目表和菜谱都摆在你桌上随你翻看。除了注意自己的礼仪之处,其他一概不用你费心。有菜上你就吃,有表演你就看,有人鼓掌你就跟着拍手。整个晚上,只有三件事你需要主动去做:①跟人交谈;②去洗手间(如果需要的话);③告辞离场。男士要比女士多做一件事,就是请女士跳舞。

甜品过后,女士们可以进补粉房(洗手间)修补"门面",男士们可以自由活动。

等到女士们再次恢复艳光四射的姿容出现,男士就要回到座位来了。就此,跳舞的跳舞,聊天的聊天。只要你不是主人,只要你以不扫别人的雅兴为前提,你喜欢什么时候告辞都行。

——引自《洋相》

上面一段文字,从社会心理学的角度来解读便是:社会化的人 X,在 Z 情景中,典型地采取 Y 行为。心理学家称之为"情景模型"(situational models),是指记忆中或经验中的一种特定的知识结构。模型或模式的出现既是以前在类似情景中个人经历感受的积累,同时又受到社会的制约,是个人化与社会化相互作用的结果。

让我们回到最初的问题。建筑内部所发生的事是社会生活和活动的延续,建筑师在建筑平面的空间组合设计中是否也应参照某种情景模型呢?从理论上看是必要的。但由于情景模型中包含有太多的细节和太多的个人经验,因此建筑师没有能力也没有必要去关注那些复杂的情节,取而代之的是关注不同场所特有的构成知识。例如场所中事件的性质、空间、界线以及道具等都与情景模型密切相关。建筑师在设计中常常用另一种比较简单的模型来构拟它,这就是功能分析模式。

在谈建筑方案或建筑平面设计时,之所以先强调进行功能分析,其目的是在整体上以空间序列的方式再现某种实际情景。因而,功能分析的主要内容就是对某类情景或事件赖以展开的两个可操控的物质性要素进行理解和识别。这两个要素一个是空间分布(图 4.13(a)),包括空间的分类、位置与界线强弱等;另一个是动线分析(图 4.13(b)),包括人群的分类、流量与路径组织等。其中,动线分析可以说是

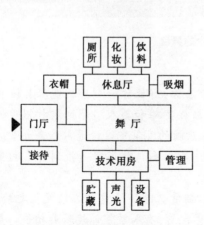

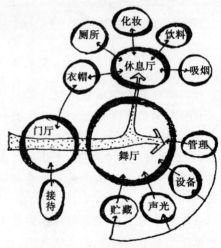

图 4.13(a) 舞厅的功能关系图——空间
分布(按非比例绘制)

图 4.13(b) 舞厅的功能关系气泡图
——动线分析

68

功能分析的灵魂,换句话说,如果把建筑的功能分析图看做是一棵梧桐树,那么,它的根深扎在现实生活的情景中,建筑的各种空间就像它的叶片一样各得其所,有的凸显,有的隐蔽,有的朝南而获得好的日照,有的则朝北而不争其荣。至于树干和枝杈则左右穿插相互联系顾盼生情,最能体现树的姿态和神韵;建筑中的动线组织若能像枝干一样呈现出主次分明、疏密有致、流畅而井然,则无疑为方案设计搭构了一个良好的框架,不愁招致不到构想中的凤凰。

2) 转译的两种典型途径

每一种类型的建筑,例如旅馆、图书馆和幼儿园等都有它们特有的功能关系图式,这在一般的建筑设计资料书籍中都能常见。通过功能分析,我们获得的是关于该类建筑中空间关系的一般认识,是具有共性的组织原则。因此,熟知了功能图式并不意味着可以直接把它转化为建筑平面图。在两种图式之间尚存在一个转化或转译环节,即由共性到个性,由一般到具体的转变。这种转化能力是我们学习建筑设计的重点之一。

就转译的内容来讲,主要涉及"量"与"形"的具体化,即首先应意识到面积与形状、距离与位置,这两组概念是推敲空间关系时所采用的基本语汇。值得注意的是,每一个概念都是一个变量,也就是说一个面积为 100 m^2 的房间与 99 m^2 或 102 m^2 的房间同样适用于某种活动,而相同面积的空间可以是方形、矩形或圆形等,至于距离和位置则更具有相对性和可变性。这种灵活性和模糊性可能让一些人感到困惑,然而,这种特性却能够给我们带来乐趣,并且能够和游戏般的工作方式联系起来,成为创作性工作中最令人感兴趣的方面之一。用游戏般的态度使用这些变量来建立空间关系,这是设计的艺术性带给我们的一种开放的心态。

就转译的过程来讲,为了分析上的方便,我们可以将其概括为两种典型途径:一种是由外向内或由大到小的设计方法;另一种是由内向外或由小到大的设计方法。

(1) 由外向内。这种方法的特点在于强调从场地分析和功能模型分析入手进行设计,其关键就是"抓大关系",好比学习素描一样,先从大的轮廓、大的明暗关系着手一样。场地分析的内容和作用在前面已经说过。在着手设计之前,我们的桌案上摆放着地形图、设计任务书文本以及该类建筑所共有的功能模型图式。它们将为下面的设计提供一些关键信息。

"由外向内或从大到小"设计方法的第一步,是建筑的"立意"还是建筑的"构图"?这两个词已成为建筑设计专业圈内的时尚,对它们的重视也自有其道理。一般说来,"立意"与"构图"是不可分割的,有"立意的构图"或"构图中的立意"应满足三个条件,我们才能谈论创造性的产品。一是思想必须新颖,至少应该包含一些新的要素,而不是简单地重复已经熟悉的东西。这里涉及"学习"和"创作"这两个不同性质的过程。学习的过程包含大量的重复性训练,如同我们在中学阶段所做的代数几何题。但聪明的学生总会借助从不同的角度重新观察已熟悉的事物来显示其创造性。二是作品要有意义,即必须有助于问题的解决,或能够解释某种对立的状态。这就是卢浮宫建筑群中的金字塔和柏林帝国议会大厦顶部玻璃穹隆的存在意义所在(图4.14,图4.15)。三是思想和作品必须被人们、被环境所接受。这三个条件是成功立意和构图的标志要素。

图4.14 玻璃穹隆

当然,这三个条件分别对于建筑方案的影响程度是有差别的,一个建筑物不新颖,尚有其立足之地,但倘若无意义或不被接受,则不会或不易存在。至少在课堂上容易被教师"毙掉"!

从现实性来看,建筑的立意和构图往往产生于或最终落实到某种条件分析的过程之中,它明显地受到周围环境的启发、支持或阻挠。从这个意义上讲,场地条件分析无疑是确保"立意"和"构图"成功率的一个先行环节。因此,设计方法的第一步是先从场地分析入手。地形图为我们提供了场地特征与限度两类信息,这一点在前面已讲过。接着对设计任务书清单进行整理,把相同性质的房间进行分类和归纳,组成几个功能区块,从大区块的角度来了解和掌握建筑物的构成情况。再接下来,便是按着功能模型来组装各个功能区块(图4.16)。

70

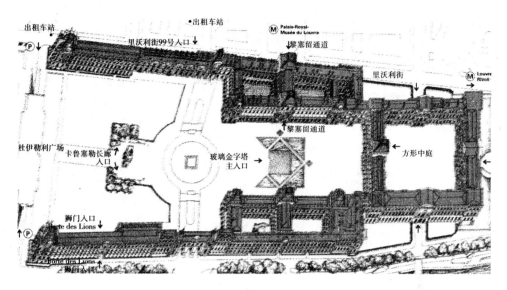

图 4.15(a) 卢浮宫总平面图

图 4.15(b) "金字塔"

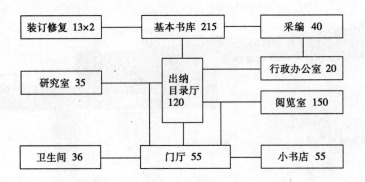

(a) 图书馆功能关系图

（数字为要求的面积）

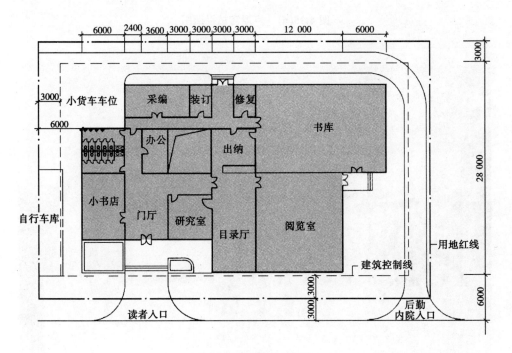

(b) 图书馆建筑方块图

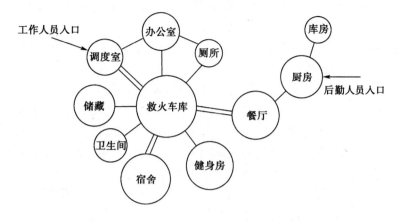

（c） 消防站功能气泡图

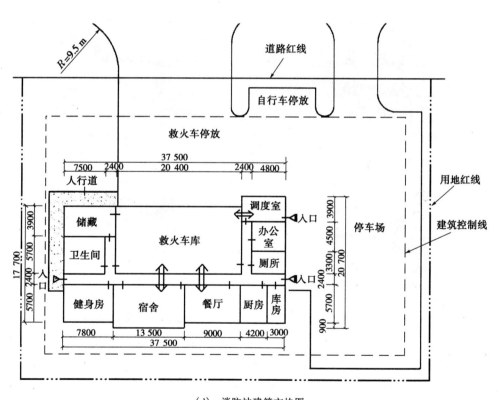

（d） 消防站建筑方块图

图 4.16 功能关系及建筑方块图

上述过程听起来就像是车间里的生产流水线作业,显得机械而刻板,似乎与艺术活动不沾边儿。事实上,在当今服从效率和听从时间表的严密计划时代,方法的合理性和有效性是必须的。建筑设计作为一项引人入胜的艺术劳动,其原因就在于设计的结果永远是模糊的和不可全知的。设计的原理和方法只道出了行动的方向所在,对结果却不加以明示,就好像古代的预言家一样。正如我们在设计过程中所体会的那样,我们在整体上把建筑分解为有限的几个功能区块,尽管要处理的要素不多,但是当把它们聚集和组合在一起时,所遇到的问题却不少,时时面临调整和选择。例如,以功能分区之间的关联问题为例,每个功能区块都涉及面积、形态、距离和位置等变量,这一系列变量是以水平联系为主,还是垂直方面联系为主,以及联系是直接的,还是有过渡空间要求的,等等(图 4.17)。当我们进行选择的时候,每一次每一种决策都会带来建筑构图、体量分配、建筑轮廓线以及建筑整体形态与场地景观之间的关系变化。重要的是,这个过程能够帮助你实实在在地捕捉、充实建筑的立意;反之, 你的立意、幻想和某种形而上学的追求也会引导着方案的

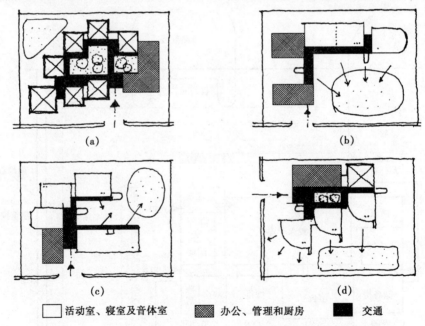

图 4.17 幼儿园场地设计与建筑功能分区组织(非比例示意图)

(a) 以水平联系为主,建筑占地较大,场地小;(b) 以垂直联系为主,建筑占地较小,场地大;(c)、(d) 水平与垂直联系结合,建筑与场地分配较均衡。

以上四个方案均符合同一个功能关系要求,但通过对每个功能区块之间的面积、形态、距离、位置等变量的调整,出现了不同的构图,包括平面轮廓、空间体量(层数)的相应变化,建筑的立意、内涵蕴含其中。

74

构图、体量感和轮廓线的修饰。这种互动游戏的过程会把结果引向何方,恐怕无人知道,包括你自己。艺术创作的结果是在过程中被发现的,它是创作过程的一次中断。

(2)由内向外。这种方法的着手点是先从建筑单体设计或从建筑单体中的某些局部设计开始,然后"生长"成整体(图4.18)。

图4.18　单元的重复——"生长"成整体

由内向外的设计方法对于初学者来讲是有风险的。你或许遇到过或听说过有人在画完平面图后,又忙着修改用地边界或更换地形图的事情吧。因为单体建筑做得太大了或太长了,超出了场地的限度条件。其实,作为一种设计方法,它有自己的适用条件:一是场地大小没有限制,这个现实性几乎为零;另一个是它只适用于某些特殊性质的建筑设计。例如,住宅建筑设计往往先从居住单元入手;中小学的教学楼设计要先考虑合理的教室形状;旅馆的设计要先选择适当的标准客房的开间及进深尺寸;而在高层建筑的设计中,标准层的设计是至关重要的,往往要优先考虑。

(3) 内外结合。其实,不论是由外向内,还是由内向外,都只是做设计时的切入角度问题,而不是相互替代的独立方法。也就是说,从整体出发的场地分析和功能分区与从局部出发的单元设计都是一个设计过程中必须要做的步骤,区别在于是先做还是后做的程序问题。在建筑设计的实际过程中,关注整体性问题和关注局部性问题,这两者总是交替出现的,一般表现为从整体到局部再到整体(图4.19),即

$$\boxed{\text{整体}} \rightleftharpoons \boxed{\text{局部}} \rightleftharpoons \boxed{\text{整体}}$$

或: $\boxed{\text{外部}} \rightleftharpoons \boxed{\text{内部}} \rightleftharpoons \boxed{\text{外部}}$

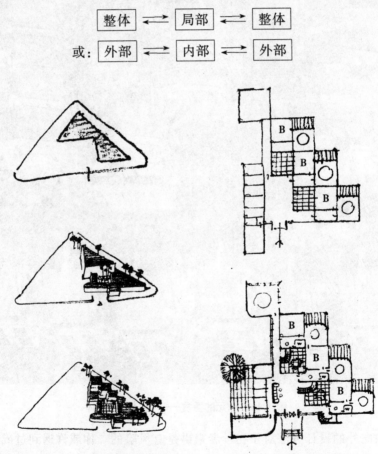

图 4.19 外部—内部—外部

76

由于功能模型图式与建筑平面方案之间不存在一一对应的关系,因此,符合同一功能模式的同一类型的建筑设计会呈现出不同的建筑平面构图,实际的情况也正是如此。例如,一个班级的同学在做同一题目的设计时,每个人都用不同的解决方案,提供不同的构图。正是由于存在着多种可能性和可行性,因此,同一个人面对设计问题时也须经过多做方案、多次反复才能定下方案。可以说,反复性是学习设计的必由之路,除此之外别无捷径。

方案设计过程中的反复性是方案构思的标准方法,有如"头脑风暴法"在现代决策中的应用。事实表明,"头脑风暴法"作为一种集体方法,其工作方式的有效原则也可以在个人身上取得成功。在建筑方案设计阶段便是如此。我们所强调的内外结合的设计方法实质上就是要求设计者以多向思维和多重角度来看待建筑功能与建筑构图之间的转译过程。通过整体与局部或外部与内部的反复比较、调整和尝试来发掘和获得要素组织的各种图式。

显然,在方案(构思)设计阶段,除了不违背功能合理的原则,还有两点价值观需要明确:一是在过程方面,要知道在寻找答案的过程中"量"比"质"重要;二是在结果方面,要知道,所谓的"创新"就是构成要素的重新组合。如果你赞同这两点,那么在你面对每一个设计题目时就不会头脑发呆,纸笔闲置,而会通过一些刺激性问题来激发你的表达欲望。比如,"可以用其他方法吗?""可以转换成其他方式吗?""可以改变位置吗?""可以改变形状吗?"等等。对每个提问的响应都会带来不同的图式表达,各种结果经过课堂上的交流、讨论和调整后,最终获得一个满意的方案。

3) 动线上的要点控制

当你已经基本想好了,建筑平面可划分为几类空间,或者说从功能分区的角度区分了空间的公共性(对外性强的部分)和私密性(对内性强的部分),而且,你又明确了每个区域中的主要使用空间和次要使用空间(或称辅助空间);同时,你也想好了哪些空间可以放在楼上,也就是说你对建筑的楼层数以及建筑有多高等问题都有了初步设想。那么,之后的问题会是什么呢?

答案是建立联系。关注联系空间或交通空间设计。再具体地说,就是关注交通空间的分布及其图形。

初学者在建筑构图中经常出现的失误是只将他们认为"有用的"的空间展示给视觉,而对于其外的剩余空间漠不关心。其原因一方面在于缺乏专业的训练,另一方面或许在于设计任务书中常常只对"有用的"空间做出明确的规定。其实,如果你做一次简单的加减运算,就会发现任务书中列出的所有房间面积之和通常达不到所要求的总的建筑面积规模。这部分差额除了墙体所占的结构面积之外,主要是由不定型的交通空间所占有。

在公共建筑中,尽管空间的使用性质与组成类型是多种多样的,但是所有的空间概括起来都可以划分为目的空间(主要使用部分)、辅助空间(次要使用部分)以及交通空间(联系纽带部分)三大部分。对于交通空间来讲,建筑师的看法与一般的观点不同,交通空间并不是目的空间与辅助空间的剩余领域,而是一种积极空间,它有明确的目的与组织原则(图4.20)。有经验的建筑师都承认交通空间的设计对建筑平面的秩序感以及建筑物的适用性和经济性影响重大,而且其影响程度随着建筑规模的增加而增大。可以这样说,交通空间的设计是否合理以及它占总建筑面积的比例是衡量建筑设计的重要标准之一。

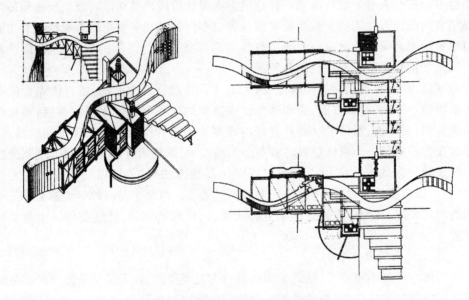

图4.20 交通空间是一种积极空间

在内容上,交通空间包括水平交通空间(如走道、走廊等)、垂直交通空间(如楼梯、电梯、坡道等)和枢纽空间(如门厅、过厅以及门厅、过厅与楼电梯组合的枢纽等)三种形式。一般来说,三种交通空间同时存在于任何一幢建筑中,从而构成了建筑物的内部交通系统。

在本质上,交通空间设计,或者说交通流线组织反映了建筑中的人和物的活动和移动路线,称为建筑中的动线。由于动线的主体是人,而且,人作为建筑的用户又是多种多样的,因此,动线的类型大致可分为三种:一是公共人流线。它是建筑物主要使用者的活动路线,具有开放性。如车站中的旅客流线,展览馆中的参观流线等。公共人流线具有方向多、流量大、使用频度高的特点,因而是公共建筑设计中要解决的主要矛盾。二是内部工作流线。它具有一定的排外性,即通常只允许在建筑内日常工作的人员通行。三是辅助供应流线。它是人与物的结合。如餐馆中的食物供应流线，火车站中的旅行包流线，医院中的器械药品的供应线等。由上可见，动线设计是以人作为考虑的第一要素，以人的运行方向、流量及频度等活动规律和活动方式为依据。其中，公共人流线是动线设计或交通流线组织的"主导线"，同时还需兼顾考虑其他流线的安排。具体说来，就是要考虑不同性质的流线的领域、边缘和终点，以及流线之间必要的联系和交叉。

在设计上，交通空间是一种积极空间，这一观点是如何体现在建筑平面构图之中呢？对此，初学者可以用一种最简单也是最直观的方法来检验，即用彩铅将平面中属于交通空间的面积涂上颜色，以此来观察它是否是一个连贯的而又相对独立的通道系统(图 4.21)。如果我们在平面图中观察不到这样一个独立的系统，那么就意味着平面中的某些目的空间有相互"穿套"或干扰现象。如果在图中能够提取这样的交通结构，那么我们还要进一步考察该通道的采光与通风情况，就像我们在设计"有用的"房间时要考虑采光与通风要求一样。

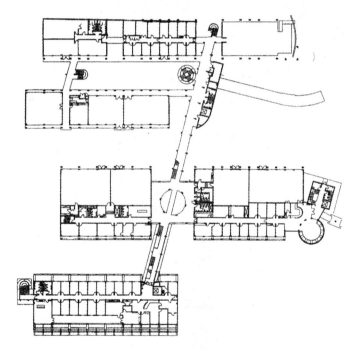

图 4.21　相对独立的通道系统

交通空间设计，首先在整体上要满足上述两点要求，即形成一个相对独立而连贯的结构系统，同时要有(或局部上有)自然采光和通风系统。其次，交通空间在局

79

部上的形状要取决于人的活动方式。一个完备的交通系统包含着各种形式的交通要素,如具有"点"特征的楼梯(电梯)间,具有"线"特征的走道,具有"面"特征的入口枢纽空间等。三种基本形态要素构成了动线上的要点,对要点的控制直接体现了交通空间设计的功能性和经济性(图 4.22)。

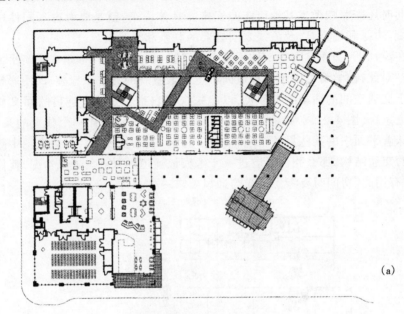

(a)

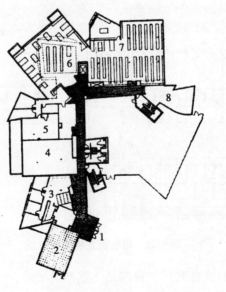

(b)

图 4.22　动线上的要点

首先,点要素的控制问题。楼梯间作为垂直交通联系的基本手段,对它的设计往往要以平面的因素为依据,大致包括形态、位置和数量三种变量。

楼梯的形式与形态是多种多样的。从形式上看,有楼梯(间)、电梯、自动扶梯和坡道等。从形态上看,除电梯和自动扶梯是定型设备外,楼梯与坡道的形态常见于直跑式、双跑式以及螺旋式或弧线式。此外,有时我们也会见到其他形态,如曲尺式和三跑式楼梯等。无论采取哪种形式,楼梯的基本功能就是联系处于不同高度上的两个点,从而起到垂直方向上的人流疏散和导向作用。

在建筑平面的表达上,楼梯所联系的空间高度问题常常转化为水平长度的控制问题(图 4.23)。

楼梯的位置和数量问题可能是困扰初学者的主要因素。从"使用"的角度看,楼梯与建筑中的其他空间相比有一个明显的特点,那就是楼梯具有两种使用状态:一是正常使用状态;一是在发生火灾或其他灾害的危险情况下的紧急使用状态。前者是满足"联系"的要求,后者是满足安全疏散的要求。楼梯的位置和数量设计应同时符合上述两种使用状态。

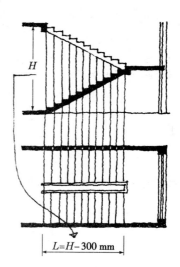

图 4.23 空间高度与水平长度的关系

在正常使用状态下,楼梯的分布根据动线上的人流量和使用频度的不同而区分为主要楼梯和次要楼梯。主要楼梯一般位于入口门厅内或其附近,在设计上有时要考虑楼梯的形态造型与大厅空间的艺术气氛、室内空间构图等装饰性因素。相比之下,很少有人注意辅助楼梯或次要楼梯的位置、远近,甚至有无等问题。

然而,在紧急使用状态下,建筑物内部的人员疏散动线的方向、流量等会出现变化。在这种情况下,楼梯的位置和数量设计就必须根据建筑的性质、耐火等级、每层建筑面积与长度(防火分区)等来考虑。简单地讲,楼梯的分布与数量是根据安全疏散距离而确定的。基于防火疏散的需要,在公共建筑设计中,至少应设置两部楼梯或两个安全出口,大型复杂的建筑所需要的楼梯数量会相应增加。至于设置一个楼梯的情况是很少见的,须符合更加严格的条件(参见《防火规范》)。

其次,线要素的控制问题。建筑中的一切通道、走廊等都是线式的,它是空间联系的直观纽带。建筑中线式通道的形态是多种多样的,有的是直线的,有的是曲线的,有的是折线的。从围合的程度看,可以是封闭的,也可以是开敞的或半开敞的。但无论是哪种形式,通道的设计都有一个长度和宽度的控制问题。

在宽度方面,通道的图形取决于使用的方式。例如办公楼、宿舍和旅馆客房区域内的走道,其功能完全为交通联系需要而设置,一般不允许或不需要附加其他功能,因而通道的宽度相对较小。而对于医院门诊楼或中小学教学楼内的走道,由于它们除了有交通联系功能外还具有候诊或课间休息的附加功能,因而通道的宽度相对较大。此外,同一个建筑中,不同功能分区中的走道宽度也是有所区别的。宽度上的差别有助于在空间分区中形成等级秩序。同时,也适合于不同流量的人员活动。

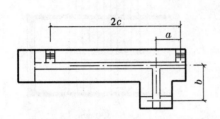

图 4.24 通道长度与安全疏散距离

在长度方面,通道的设计主要体现了安全疏散距离的概念(图 4.24)。一条较长的通道,不但要联系起各房间的入口,而且同样重要的是,还要在规定的距离限度内联结起两个安全出口(或疏散楼梯间)。

当然,建筑中的通道,作为一种交通空间同样存在两种使用状态,即正常使用与紧急疏散状态。因此,通道的宽度与长度设计应兼顾这两种要求。但相对来看,宽度设计主要依据正常使用方式而定,而长度控制主要应符合紧急状况下的安全疏散距离的限度,这两个侧重点往往是初学者容易忽视的。

最后,面要素的控制问题。建筑主要人口地带的枢纽空间是内部交通主导线的起止点,它包括门廊、门厅和大厅或大堂等。入口门厅通常不仅仅是一个交通中心,而且往往也是在建筑物内进行某种活动的场所,具有一定的实际使用功能。例如旅馆的入口大厅除满足交通组织之外,还应是登记、休息、等候和会客等功能的场所。又如医院的入口大厅也常常是包括挂号、交费、取药的一个综合空间。从建筑艺术的角度来看,入口地带是建筑内部与外部空间的衔接中介,是建筑空间构图的第一个高潮,因而往往是建筑艺术处理的重点之一(图 4.25)。可见,门厅是建筑物及其空间的一个重要组成部分。与楼梯间和过道空间不同,门厅是一个多功能空间,它所涉及的目的和内容是综合的。一方面,门厅具有分配人流、物流以及动线方向的转换等功能而要求它应与水平交通空间(走道)和垂直交通空间(楼梯、电梯等)有直接和顺畅的联系,从而形成完整的交通空间系统;另一方面,门厅空间不单纯是水平通道空间的简单扩大,考虑到垂直方向的人流集散和动线方向的转换,建筑的主要楼梯或电梯设施往往也需要组合在门厅空间之中(图 4.26)。此外,根据公共建筑的性质和使用要求,门厅内还需设置一些除交通功能之外的其他辅助空间内容。很明显,建筑的入口地带既是交通动线上的一个要点,也是整个建筑平面设计和空间布局上的一个重点部分。从总的方面来看,主要入口门厅设计应着重从这样三点来考量,即位置、形式和空间处理。

图 4.25　门厅及入口地带

　　关于门厅的位置。我们已经知道了门厅的重要性。对于一个重要的东西,有人会把它深藏起来,密不示人。但建筑师的态度与此恰恰相反:在公共建筑设计中,门厅通常占据平面布局中明显而突出的位置。例如在建筑物中,门厅一般位于主要构图轴线上或位于建筑立面的正中部位,即使偏离中心也往往会以入口为轴在局部上来建立自己的对称关系。由于门厅既具有明确的功能作用,又具有明显的构图作用,因此,一方面从平面关系来看,门厅的位置应适中,它在与所进入的建筑物内部通道图形的联系中,不宜出现某一支端的公共交通路线过长的情况;另一方面,从立面构图上看,门厅的位置一般应处于左右对称的轴线上或非对称构图中处于左右均衡的平衡点处。

　　关于门厅的形式。门厅将建筑空间划分出"内部"与"外部"。因此,进入建筑

图 4.26　门厅空间

的过程实质上就是穿越一个垂直面。但是,入口的设计并不能简单地理解为"在墙上打洞"这样浅显的方式。在大量的设计实践和实例中还有很多更巧妙、更建筑化的方式来表示这个边界。总的看来,入口的边界形式有三种,即平式、凸式和凹式。平式入口就是在墙面上直接开洞,这在主入口设计中较为少见。凸式和凹式入口是将入口界面做空间化处理,是公共建筑的门厅设计中的两种主要方式。在实际的设计中,建筑师通常要结合其他造型手段,如对形状、比例与尺度、材料与质感的控制来加强主入口的重要性。例如通过比例与尺度关系把入口形式做得出乎意料的高大或低矮、宽阔或狭长等;或通过将入口的进深做得特别大,从而把室外空间引入室内,形成所谓的"灰空间"等;或通过材料与质感变化对入口形式进行装饰等。不论采取何种形式处理,有一点需要知道,门厅的大小与建筑物的整体尺度关系是至关重要的。恰当的尺度感只有通过大量的训练和观察才能领会和掌握(图4.27)。

　　关于门厅的空间处理。在剖面的维度上,门厅空间有单层、加高单层以及夹层等处理手法。近年来更有将门厅与多层中庭空间结合起来的处理手法。当然,不同的形式会取得不同的空间意境。

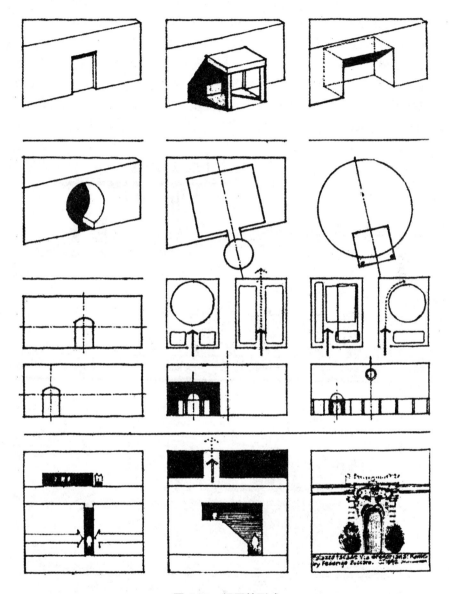

图 4.27　门厅的形式

4）空间组合的结构与类型

　　前面我们已经知道了建筑平面设计的两个基本依据：一是功能分区图；一是交通流线组织即动线分析。在此基础上，本节将重点列举出建筑空间的排列和组合的一些基本类型，这些类型的划分主要是以动线分析为依据的。

所谓动线,它是建筑中人或物的活动路线,它构成了建筑物的交通空间。在建筑中,动线联系着各种不同的场所,形成不同的范围区域,因此,它是实现建筑空间功能分区和联系的一个重要因素。如果将动线分析与功能分区的知识结合在一起,那么我们便可以这样来理解建筑空间组合的结构,即在各种类型的空间组合之中,都存在着中心或重心、方向或路径、领域或区域等三种结构关系要素。为了理解上的方便,我们先来分析两种简单而又典型的组合结构类型:线列式组合和集中式组合。

　　(1) 线列式空间组合的直观特征便是"长"(图 4.28)。其内部动线的方向或路

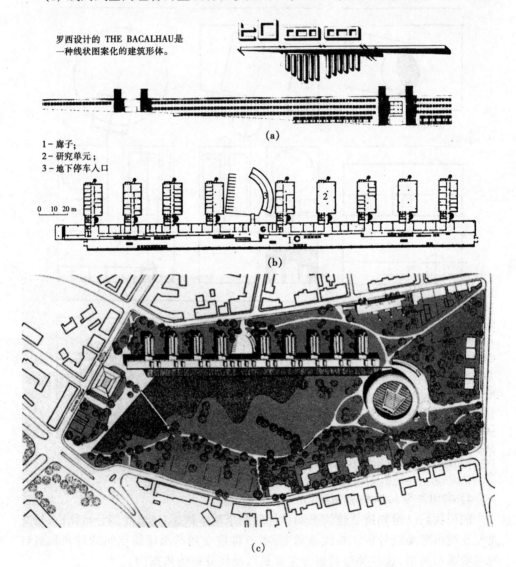

罗西设计的 THE BACALHAU是
一种线状图案化的建筑形体。

(a)

1 - 廊子;
2 - 研究单元;
3 - 地下停车入口

0　10　20 m

(b)

(c)

(d)

图 4.28　线列式空间组合特征

径是单一的。平面构图重心往往是动线上的交通枢纽部分。这种情况的最典型实例便是学生宿舍楼以及教学楼的教室部分。

　　当然,线列式组合的形式本身具有很大的可变性(图 4.29),一方面根据场地的条件、朝向及外部环境、景观等因素而采用折线式或弧线式组合;另一方面,在线式组合中,某些重要的空间单元除以特殊的尺寸和形状来表明其重要性之外,也常常通过它们在序列上的特别位置加以强调,例如位于线列式序列的端点,或处于线列式组合的转折点上,或者游离于线列式序列而独处等。

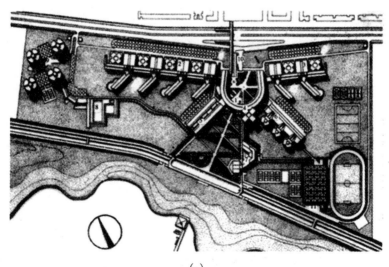

(a)

(b)

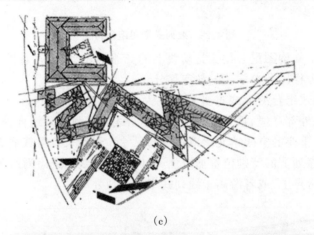

(c)

(d)

图 4.29　线列式组合的变体

(2) 集中式空间组合是一种稳定的向心式构图。其内部动线的方向或路径是多元的。这种组合通常是由一定数量的空间单元围绕一个大的占主导地位的中心空间构成(图 4.30(a))。集中式组合的最著名的实例当首推文艺复兴时期的"圆厅别墅"(Villa Rotunda,1552 年),它平面方正,四面一式,中央圆厅统率着整个构图(图 4.30(b))。在现代设计中,集中式组合也被广泛应用。

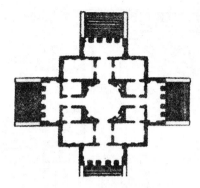

图 4.30(a)　向心式构图

图 4.30(b)　圆厅别墅

(3) 其实,在实际设计中,从整体上看方案平面的构图,完全的线列式和完全的集中式毕竟较少。在多数情况下,建筑平面设计主要是从使用功能要求、交通流线的特点、场地条件限制以及立面造型意图等因素出发,综合地采用线列式和集中式空间组合。在一个局部上该用线列式则用之,在另一个局部上该用集中式则用之。因此,综合的看,建筑构图可采用多种空间组合,遵从"法无定法"的具体问题具体分析的原则。为了学习上的方便,综合式空间组合形式可以概括成辐射式、组团式、网格式等多种形式(图 4.31)。

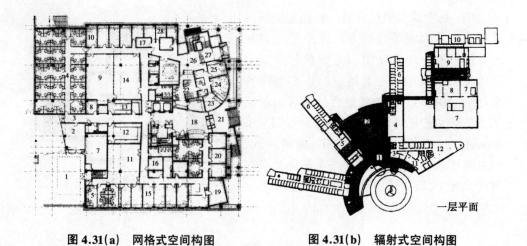

图 4.31(a) 网格式空间构图   图 4.31(b) 辐射式空间构图

一层平面

图 4.31(c) 组团式空间构图   图 4.31(d) 自由式空间构图:总平面

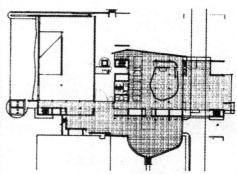

图4.31(e) 自由式空间构图:模型　　　图4.31(f) 自由式空间构图:首层平面

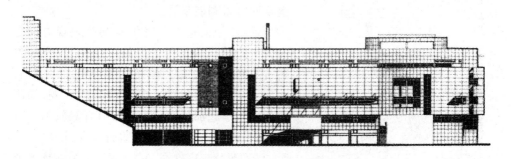

图4.31(g)　自由式空间构图:立面

5) 平面的调整与深化

建筑平面的初定过程一般是由粗到细、从整体到局部逐步形成的。当然,某些有经验的建筑师或许习惯于从局部到整体,或从突如其来的"灵感"和想像出发来设计的。这种情形作为非常个人化的设计特例不在本书的讨论范围内。作为一般过程,方案之初定总是有据可查、有章可循的。而且从方案初定到最后的完成,建筑平面总是要经过不断地修改、调整和深化这一过程(图4.32)。

建筑设计是一种可教可学的艺术,平面的调整和深化同样是有据可查、有章可循的。具体说来,可从以下几方面着手,即秩序感的表达、结构和技术的合理性、规范条件的满足以及造型与环境景观方面的表现等。

首先,秩序感的表达在平面组合中体现为

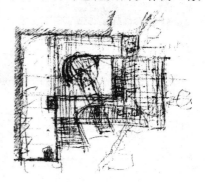

(a)甲午海战馆平面草图

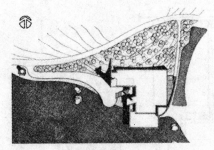

（b）甲午海战馆总平面图

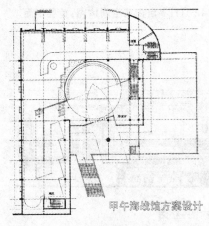

甲午海战馆方案设计

（c）甲午海战馆上层平面

功能分区明确、动线组织清晰和构图形式平衡等基本方面。当然，秩序感还有其他更高级的含义，后面会逐步涉及。

其次，结构和技术的合理性包含两层含义：在整体上体现为方案结构选型的合理性和建筑模数制的应用等；在局部上体现为结构与空间的划分关系、空间的自然采光与通风情况以及主要空间单元的朝向等。

再次，规范条件的满足是设计中必须考虑的，而当规范条件被更宽泛地理解时，场地规划条件、设计任务书中的指令性和指标性的条件也要同时得到满足。

最后，立面造型与环境景观的表现方面是作为平面设计阶段所考虑的一项内容，意味着建筑平面设计应有一种开放的视野。一方面，平面设计所要解决的是三维空间的问题，而不是像做数学题那样，解决平面几何问题；另一方面，由平面表达的建筑空间设计不是孤立的、自足的，还涉及与室外空间的关系、与场地环境的关系、与周围景观的协调关系等。

因此，平面关系的调整与深化是贯穿在整个设计过程中的一种意识，它直接影响到结果。

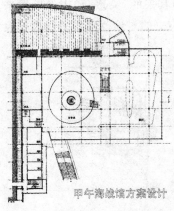

甲午海战馆方案设计

（d）甲午海战馆下层平面

（e）甲午海战馆立面（透视）草图

(f) 甲午海战馆透视图

图 4.32　方案的调整与深化

4.2.3　从平面到剖面：立体空间的第三维度

　　建筑平面图是立体空间的平面化表达，平面图表现了空间的长度与深度或宽度关系。空间的第三维度(即高度)同样也是由平面视图来表现的，这就是剖面图的设计内容。因此，从空间设计的角度来看，平面图与剖面图的对应关系是不言而喻的。

　　1) 剖面图的概念与表现

　　同平面图一样，剖面图也是空间的正投影图，是建筑设计的基本语言之一。剖面图的概念可以这样理解，即用一个假想的垂直于外墙轴线的切平面把建筑物切开，对切面以后部分的建筑形体作正投影图。在表现方面，为了把切到的形体轮廓与看到的形体投影轮廓区别开来，切到的实体轮廓线用粗实线表示，如室内外地面线、墙体、楼梯板、楼面板和梁以及屋顶内外轮廓线等。看到的投影轮廓用细实线

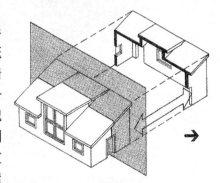

图 4.33　剖面图的概念

表示，如门窗洞口的侧墙、空间中的柱子以及平行于剖切面的梁等。由于剖面图的轮廓及其表现内容均与剖切面的位置有关，剖面图又分为横剖面图与纵剖面图，它们是互相垂直的两个视图。在复杂的建筑平面中，为了充分表现形体轮廓及空间高度上的变化情况，建筑物的剖面图一般不少于两个，剖切面的位置以剖切线来表示，每个位置上的剖面图应与剖切线的标注相对应，以方便人们的读图需要。

　　2) 剖面高度的构成

　　剖面图反映了建筑内部空间在垂直维度上的变化以及建筑的外轮廓特征(图

4.34,图4.35）。建筑空间在高度上的变化因素一般反映在下列几个概念中：

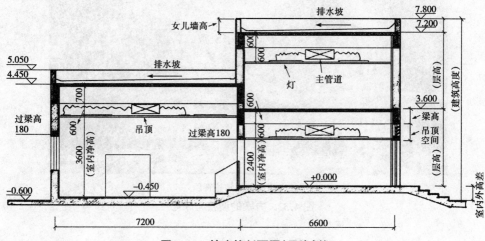

图 4.34 某建筑剖面图(无比例)

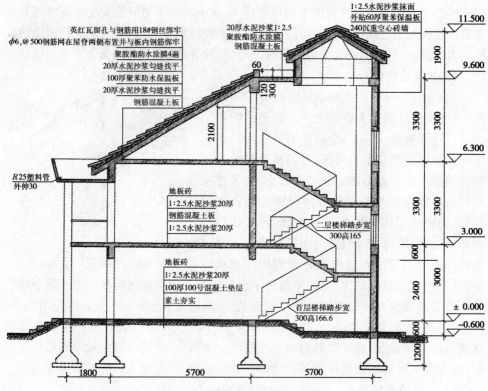

图 4.35 某住宅剖面图(无比例)

（1）室内外高差，即建筑物首层室内地坪或建筑物主入口层的地面与室外自然地坪或广场地面之间的标高之差。由于建筑物建成后存在着自然沉降现象，同时也为了防止地面雨水倒流进建筑物的室内，因此设计室内外高差是必要的。但高差大小应综合考虑交通运输和经济性等因素。

（2）建筑层高，即室内地面与其上层楼面或楼面与楼面之间的高度值。在坡屋顶建筑中，层高反映的是楼地面至屋顶结构的支撑点之间的距离。在一般的平屋顶建筑中，层高数值包含楼板结构层的厚度。

（3）室内净高，即自楼地面至顶棚底面或梁、屋架等结构底之间的垂直高度。也可以这样理解，室内净高是层高减去结构厚度与管线设备层（吊顶空间）高度之后的剩余高度。从使用的角度来看，室内净高是空间设计的有效高度，它既与人的生理和心理要求有关，同时也与空间的性质和使用功能有关。

（4）建筑高度，即建筑物整体在竖直维度上的高度值，是指室外地面至建筑物顶部檐口或女儿墙顶面之间的距离。通常建筑屋顶局部升起的蓄水池、电梯机房、楼梯间和烟囱等可不计入建筑高度和建筑层数之中。

3）建筑剖面高度控制的意义

由上面所说的建筑剖面高度的构成内容可知，建筑物的竖直高度反映了建筑功能的要求、使用者的生理和心理方面的舒适性要求以及建筑的经济性要求等。在一般的公共建筑物或普通的建筑空间的设计中，其剖面高度因素似乎不需要特别地关注。但在某些公共建筑设计中则需特别地强调剖面的高度控制。例如剧院和电影院的观众厅的设计、大型阶梯教室或会堂的剖面设计，乃至于在有明显高差的不规则地形上的一般建筑物的内部交通流线设计中，剖面设计的优劣无疑是建筑方案好坏的重要依据。此外，对于单体建筑来说，随着建筑在竖直维度上层数的增多，建筑剖面高度控制对经济性的影响也越明显，例如在高层建筑设计中，建筑主导净高的选择对高层建筑的经济性具有特别的意义（图4.36）。

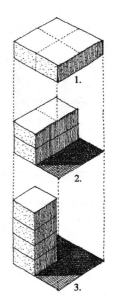

图4.36　建筑高度与场地利用程度

1－高度为1(一层)，覆盖率＝100%；

2－高度为2(二层)，覆盖率＝50%；

3－高度为4(四层)，覆盖率＝25%

从整体上看，掌握建筑物高度的意义在于它是确定建筑物等级、防火与消防标准、建筑设备配置要求的重要依据。此外，建筑物的竖直高度值不仅是建筑设计的技术经济指标之一，更重要的是，它

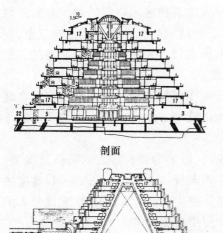

剖面

平面

图4.37 平面与剖面的综合——空间效果

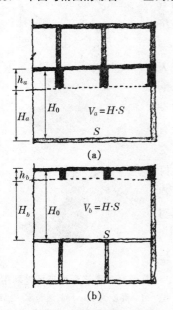

图4.38 空间利用程度比较

① $V_a = V_b$ 时，净高 $H_b > H_a$；

② 净高 $H_b = H_a$ 时，则 $V_b < V_a$

也是城市规划控制的重要内容，反映了建筑设计的政策含义。具体地讲，建筑高度控制应依据和满足有关日照、消防、旧城保护、航空净空限制等政策和法规的不同要求。

4）空间综合效果：当平面图与剖面图放在一起时

我们已经知道，平面图和剖面图是建筑内部空间在不同维度方向上的正投影视图。当这两个视图放在一起时，可以观察和评价到建筑空间设计的各种效果。为了分析上的方便，下面将空间综合效果分为三个层面加以说明，即功能层面、技术经济层面和艺术层面。

首先，在功能层面上。在平面设计中我们曾经说过，房间的功能是否符合要求，一方面要看面积大小，另一方面还要看平面的长宽比例是否恰当，即空间平面的大小与形状是此时考虑的双重要素。当平面图与剖面图放在一起来观察空间效果时（图4.37），同样会涉及与高度相关的两个要素，即空间容积和空间高深比例（高度与进深之比）。一般认为，平面面积越大，那么，空间高度也越高，或者空间进深越大，那么，其高度也越高。采用一种恰当的高深比，不但可以给使用者的心理带来舒适感，同时也可以提高自然采光的质量。

其次，在技术经济层面上。建筑设计不但要处理好空间在平面维度上的组合，同时也要处理好空间在竖直维度上的立体组合。对于后者，空间在高度上的分布既要符合功能合理、动线流畅的原则，同时又要符合结构力学的一般常识。在通常情况下，大跨度的空间上部一般不宜设置过多的小空间。这对于在有抗震要求的建筑设计中尤其如此。如果从抗震、节能和技术经济的角度对图4.38

(a)、(b)两种方案做进一步解释,那么,空间的利用情况可以用"有效面积体积系数"来衡量。该系数是指建筑体积与有效面积之比。其中有效面积为建筑面积减去结构面积后的使用面积,建筑体积则是建筑面积与层高的乘积。有效面积体积系数的含义表明,每一单位有效面积的体积愈小则愈经济,同时也越有利于节能。

最后,在艺术造型层面上。平面图与剖面图反映了建筑整体空间体量在三个维面上的轮廓线,反映了建筑造型的基本特征(图 4.39)。当然,建筑的艺术造型

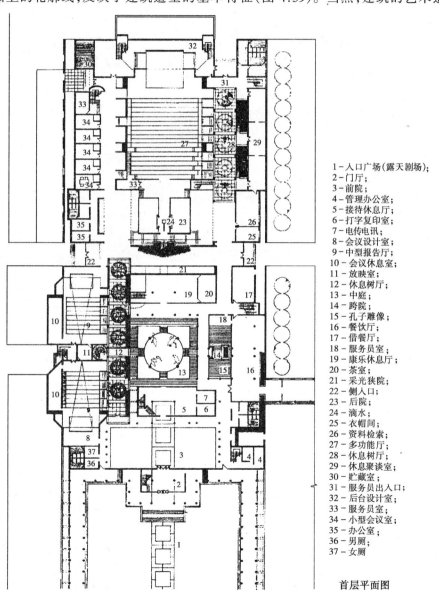

1－入口广场(露天剧场);
2－门厅;
3－前院;
4－管理办公室;
5－接待休息厅;
6－打字复印室;
7－电传电讯;
8－会议设计室;
9－中型报告厅;
10－会议休息室;
11－放映室;
12－休息树厅;
13－中庭;
14－跨院;
15－孔子雕像;
16－餐饮厅;
17－借餐厅;
18－服务员室;
19－康乐休息厅;
20－茶室;
21－采光狭院;
22－侧入口;
23－后院;
24－滴水;
25－衣帽间;
26－资料检索;
27－多功能厅;
28－休息树厅;
29－休息聚谈室;
30－贮藏室;
31－服务员出入口;
32－后台设计室;
33－服务员室;
34－小型会议室;
35－办公室;
36－男厕;
37－女厕

首层平面图

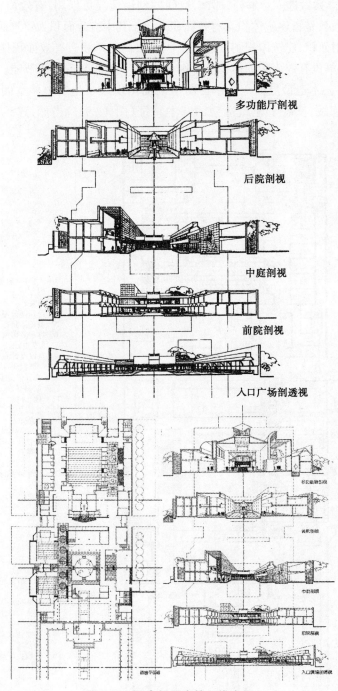

多功能厅剖视

后院剖视

中庭剖视

前院剖视

入口广场剖透视

图4.39 两个视图中的三维空间

98

设计有其自身独特的依据和规律(这部分内容在后面两章中有评论)。但是,它应该以不违背上述两个基本层面的要求为前提。事实上,造型问题不是一个孤立的现象,平面布局的情况会影响剖面轮廓的变化,反之,剖面中的空间分布调整也会改变平面图的轮廓线。平面图与剖面图相互制约相互影响,是我们看待建筑空间组合和造型效果的一个基本视角。

5)设计的一般原理:平面主导与平衡

本段是对前面内容的一个小结。

对于一般公共建筑的现代设计通常是从平面关系研究开始的,正如前面所提到的功能分区、动线分析、空间组合以及平面构图等基本问题是引导建筑设计的着眼点。这一过程可称为首层平面主导设计。其实,现代建筑大师勒·柯布西埃(Le Corbusier,1887—1965)曾经向建筑师们提出过三个现代设计的要点,即体量、外观和平面布局。其中,柯布西埃这样解释了它们之间的关系:"体量与外观是建筑表现它自己的要素,体量与外观是由平面布局决定的。平面布局是根本,这一点对没有想像力的人就无法理解了。"(《走向新建筑》)事实证明,这种主张和观点在今天的设计实践中仍然具有很高的指导意义,尤其是对于处于学习阶段的初学者来讲更是具有认识价值。

然而,强调平面主导设计,并不意味着平面设计就是建筑设计的一切。在建筑师的设计过程中常常充满着一些相互并列的意图,他们经常用"既要……又要……","不但……而且……",或者"一方面……另一方面……"等语言来表达自己的行为和设计结果。这表明,建筑设计在平面主导原则之中或之外还需有其他因素来平衡这一主导过程。就像上一节讲过的那样,平面布局与剖面空间分布以及建筑体量、造型等美学目的之间存在着相互制约关系。在2000年威尼斯建筑展会上意大利建筑师M.富克萨斯在ASI(Italian Space Agency)设计竞赛中的头奖作品(图4.40)最能说明这一问题。富克萨斯的方案是将一个方盒子分为前后两部分,前半部分是一个透明的玻璃盒子,建筑内部的垂直交通由曲线形的楼板构成。这显然是侧重于剖面

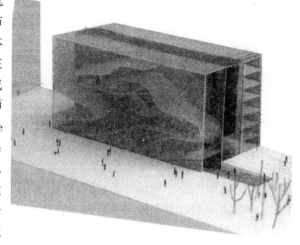

图4.40　M.富克萨斯的空间设计

设计的结果。方案的后半部分是办公空间,共七层水平楼板整齐地叠置在一起,这部分的空间布局完全是由首层平面设计而决定的。该方案典型地体现了平面设计与剖面设计之间的平衡意识。在建筑设计中,平衡意识是一种必需品。可以说,这是对建筑设计原理的一个最恰当的图解。

4.3　立面构成设计

建筑立面图是立体空间平面化表现的结果。同平面图相比,立面图作为一种垂直视图,其中的各种要素总是与我们面对面地存在,因此,立面构成设计更接近于人的直观感受,也最具有形式上的艺术趣味。

4.3.1　立面图的概念

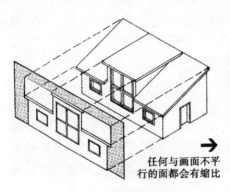

任何与画面不平行的面都会有缩比

图 4.41　立面图的概念

建筑立面图是对建筑物的外观所作的正投影,它是一种平行视图(图 4.41)。习惯上,人们把反映建筑物主要出入口或反映建筑物面向主要街道的那一面的立面图称为正立面图,其余的立面相应地称为侧立面和背立面图。其实,严谨地说,立面图是以建筑物的朝向来标定的,例如南立面图、北立面图、东立面图和西立面图。立面图主要反映建筑物的整体轮廓、外观特征、屋顶形式、楼层层数以及门窗、雨篷、阳台、台阶等局部构件的位置和形状等内容。

从概念上看,立面图作为建筑物外观的投影图,似乎是"有什么就画什么",就像是对现存事物的临摹或写生。但从设计的过程来看,立面图的形成恰恰相反,是"画什么就有什么",即是一个从无到有的过程。当然,这个无中生有的过程并不完全依据人们的想像,而是有客观的法则和原理可循的。

4.3.2　第一原理:形式追随功能

建筑的立面不是一种纯粹的形式,立面图的概念表明,它不是一幅"画",而是对建筑内部空间和外部实体的反映。也就是说,形式是对内容的反映。

建筑构图的现代史研究表明,不论是平面图,还是立面图,关于形式对内容的反映要求,如果用另一种说法来表述的话,那就是众所周知的"形式追随功能"这一信条。虽然,功能性不是建筑内容的全部内涵,但是,对功能表现的强调无疑是区分古典设计与现代设计的一个关键性的标志。在本质上,功能法则所强调的是建筑表现中的真实性,这在柯布西埃时代则被认为是一个"道德问题"。今天看来,人们对这一问题的态度变得宽容多了。但是,形式表达中的真实性要求和反映内在功能的要求虽然已经不是建筑立面构成设计的惟一要求,但仍然是其最基本的原则。因为毕竟在建筑美学的含义中,一般情况下实用性和内外统一性仍然是建筑美感体验的重要基础之一。事实上,20世纪90年代以来的所谓生态建筑的设计中,形式追随功能的原则再次彰显出来。在这些建筑立面构图中,凸出屋面的通风塔,可以灵活调解室内采光或遮阳的门窗设计(图4.42(a)),以及在节能设计中有关墙体材料性能的视觉化表现方面等,都体现出了功能造型的原理(图4.42(b))。可见,自19世纪末沙利文写出"形式追随功能"这一段文字到20世纪末的生态建筑设计实践,百年来在许多建筑师的设计和观念中,有关功能造型或功能表现问题,如果不是在趋于结束,那就仍然时时都是一个开端。

图4.42(a) 日照及气流分析图　　　图4.42(b) 功能造型

其实,抛开具体的建筑类型和设计倾向,就一个一般建筑立面设计来说,我们会发现立面构成设计的一般过程是与其实用性密切相关的。在立面中,门窗与墙面作为虚实两种要素形成了立面构图的基本素材。那么,虚与实划分的基础是什么呢?为此,建筑师首先根据内部结构和空间高度情况在立面上标出层高控制线,在该线上部(窗台墙的高度)和下部(门窗过梁高度)的范围是立面中的实体部分,剩余范围则是开窗的位置,即虚的部分。开窗的具体形式,诸如方窗、圆形窗、圆拱窗或尖窗等一般不会超出这个范围的。可见,层高控制线是立面中虚实划分的基础,体现了内外统一的真实性原则(图4.43)。

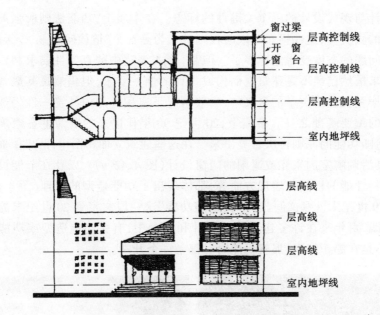

图 4.43 层高控制线——立面划分的依据

4.3.3 观念的转变：从功能立面到自由立面

尽管我们有充分的理由来强调功能表现的重要性。但是，建筑的立面构图设计却从来没有因此而变得简单。"形式追随功能"的说法在逻辑上是无懈可击的，但在概念上却是含糊的。例如，什么是功能？建筑内部的使用(实用)功能与建筑物作为一个整体所表达的功能(即所谓的"象征"要求)是否一致？在实践中，功能概念的模糊性和互换性，使得形式表现日趋复杂，也较少受到限制。

纵观历史，不同时期的建筑理论以及同一时代的不同建筑师的设计实践表明，创造始于分歧，即对功能表现或功能内涵的理解上的分

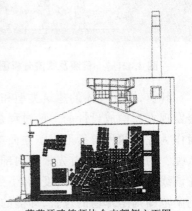

葡萄牙建筑师协会支部侧立面图

图 4.44 自由立面

歧。塞尚在探索新的绘画表现形式时说过："我有我的动机……"这句话完全适合于建筑师的实际工作。不仅如此，从现代主义到后现代主义的建筑实践，在某种意义上可以看做是这种久已存在的分歧现象的公开化和全面化的过程。事实上，在整个建筑史中，人们或许还没有哪个时期能够像在"后现代"时期中所经历的那样，

面对一下子涌现出来的那么多五光十色、令人眼花缭乱的艺术流派和许多风格迥异的建筑师;那么多的批评家、阐释家和观众们手足无措、瞠目结舌的建筑作品和建筑现象;那么多的众说纷纭、斑驳陆离乃至相互矛盾的艺术主张和建筑理论。观念上的转变,使得有些人眉飞色舞,同时也让另一些人痛心疾首。如果我们抛开个人的好恶,从发展的角度来认识建筑设计所经历的这次"后现代转折"(图4.45),那么,我们就不得不思考这样一些问题:第一,后现代主义为何要否定或消解原来的价值、法则?——这涉及后现代建筑理论的出发点问题;第二,原来的价值观有何不好或局限?——这涉及后现代主义者对现代建筑的看法问题;第三,新的价值观和法则是什么?——这涉及后现代理论的发展和存亡问题;第四,怎样才能建立和表现这种新价值?——这涉及建筑的功能传达,即形式表现问题,等等。上述几个问题实际上是相辅相成的。

1972年7月15日下午3点22分……
密苏里州圣路易斯市的普律特-伊戈(Pruitt-lgoe)住宅区,一个得奖的、为低收入人民众设计的建筑群,被认为不适人居而予以炸毁。

据坚克斯认为,此事宣告了现代主义建筑的"国际风格"之死,宣告了被设想成"用来居住的机械装置"的建筑物之终结——这一设想的提出者是米兹·范·德·罗厄、格罗皮乌斯、勒·科比西埃及其他抽象功能派。

图4.45 建筑学家称后现代主义的创始有个精确的时间

首先,关于前两个问题。实际上,后现代主义的兴起是一个十分复杂的现象,也是见仁见智的问题。但是,如果我们分析一下它对现代建筑思想的一些典型看法或认识,那么我们就会发现关于后现代主义兴起的基本线索。了解建筑史的人都知道,后现代主义有很多类型和流派,它们对现代建筑的看法也是多种多样的。在最激进的后现代主义者眼中,现代建筑关于忠实于结构技术和实用功能的"正确的建造方法"被认为是非人性的,甚至连错误都不是,而是一无所有。这种极端的论调于事无补。从一般的观点来看,现代主义设计采用同一的方法、同一的设计方式去对待不同的问题,以简单抽象的中性方式来应付复杂的设计要求,因而忽视了个性的要求、个人的审美价值,夸大了技术的作用而忽视了历史和传统因素对建筑的影响,这种方式在20世纪60年代以来,随着资本主义社会在其经济体制、社会结构、生活方式以及人与人之间关系发生了根本性的变革和重组之后,就自然而然地造成了许多人的不满。事实上,在对功能主义的看法中,最有价值的反思是来自一些现代建筑时期的建筑师。例如,芬兰的阿尔托是较早的公开反思现代建筑设计思想的人,他在美国的一次称为"建筑人情化"的讲座中说道:"在过去的10年

图 4.46　合理方法 = 技术范畴 +
人情领域

图 4.47　"后现代 = 现代主义 + X"

中，现代建筑的所谓功能主义主要是从技术的角度来考虑的，它所强调的主要是建造的经济性。这种强调当然是合乎需要的，因为要为人类建造好的房屋同满足人类其他需要相比一直是昂贵的。……假如建筑可以按部就班地进行，即先从经济和技术开始，然后再满足其他较为复杂的人情要求的话，那么，纯粹的技术功能主义是可以被接受的；但是这种可能性并不存在。建筑不仅要满足人们的一切活动，它的形成也必须是各方面同时并进的……错误不在于现代建筑的最初或上一阶段的合理化，而在于合理化不够深入……现代建筑的最新课题是要使合理的方法突破技术范畴而进入人情与心理的领域。"(图 4.46)由此可见，阿尔托的观点是非常中肯的，而且事实也证明，这种观点在一些后现代主义理论家中也引起了积极的响应，例如艾森曼提出的"后功能主义"(Post functionalism)、冈德索纳斯提出的"新功能主义"(Neo functionalism)等主张中都没有简单地否定现代主义，仅仅认为现代主义缺乏历史感、缺乏文脉观、缺乏个人的美学动机等。因此，后现代主义理论的出发点首先是在这三方面来弥补了现代建筑的不足。因此，詹克斯认为：所谓后现代主义就是现代主义加上一些别的什么东西(图 4.47)。

　　其次，关于后两个问题。在现代建筑时期，绝大部分建筑师和理论家都没法摆脱任何与传统的关系，仅仅针对工业化时代的理性精神而建立了一套功能美学或称技术美学的体系。在后现代时期，实用与美观之间呈现出明显的分离现象。其原因在于后现代时期的建筑师和理论家有意识地尝试通过重新审视那些在现代建筑时期被压抑的因素来达到新的审美价值的建立。这些被压抑的因素包括建筑形式的历史和传统特征、装饰因素，包括大众文化中具有娱乐性和幽默感的因素，同时也包括那些不可思议的、荒诞的手法等因素。显然,这样一来,后现代建筑在形式设计方面获得了极大的自主性和自由度。事实上,后现代主义建筑在很大程度上继承和借用了现代建筑时期的结构和构造技术成果,而仅仅在形式设计上反对把形式作为内在结构和实用功能的直接反映的结果。也就是说,后现代主义认为,建筑形式本身必须刻意设计,应该反映更多的内涵与动机。例如要反映通俗文化中的大众美学的因素(POP 建筑);要反映被排斥的历史和传统内容的动机(新古典主义建筑);要反映被压抑的个人美学的动机(新现代主义建筑);要反映被忽视的第三者的美学动机(即使用者的需要、情感与心理)等等。由此可见,后现代主义同现代主义之间最大的分歧在于形式产生的根源方面。根源上的分歧,简而言之就是直观地表现在对"立面"这个术语的使用上,现代建筑的立面曾简单地被称为"elevation",即建筑物的正视图,它是现代建筑设计所推崇的诚实、透彻、明确、结构清楚以及较少装饰的结果;而后现代主义则常常隐晦地称之为"facade",即建筑物的表面、外观或掩饰真相的门面等。

最后,需要指出的是,"形式追随功能"的思想在现代建筑的发展史中起到过极其重要的作用。其影响深远至今犹然。虽然对于当代的建筑师的设计实践来说,这显然已经不是建筑师所需要的理想答案。但是,建筑是什么? 人们应该怎样设计或怎样建造? 这些问题从来就没有结论,即使是现在,建筑师和理论家们还是迟迟不能全面而系统地回答这些问题。但无论如何,功能原理毫无疑问的是最终答案的一部分,因为建筑的实用性毕竟不是一种偶然属性。这一点对于初学者来说是不应忽视的。

4.3.4　相对价值:立面风格的选择

"风格"一词是建筑设计中最难界定的概念之一,同时也是最广泛使用的词汇之一。可以说,每一个设计者都有他自己的风格;也可以说,不同时代或不同文化也有着不同的风格。从后者的角度来看,建筑界自 20 世纪 20 年代至 50 年代之间占主导地位的是现代建筑风格或思潮(Jencks 的观点,1988 年)。自从 1959 年国际现代建筑协会(CIAM)解散以来,建筑师们之间关于要有一种主导的建筑风格的见解已逐渐消逝。当然,从更广的意义上讲,"多元化"是现代建筑之后的一种明显的设计风格,但是,这样广泛的含义对于说明问题是毫无作用的。

尽管我们从理论上保持"风格"概念的精确性是困难的,但是,从"风格"用语在历史中的使用情况来看,多数情况下,风格不是建筑平面设计中所说的功能表达,而是立面设计中的一种形式标记——用以说明年代问题,或者用来反映形式和材料的使用问题,或者用来识别建筑的类型问题等等。如果要追究年代、形式和类型背后的深层结构的话,那么,建筑学里所说的风格应该是指这样一种核心含义:以

**图 4.48　施罗德住宅——"风格派"
的集大成者 1924 年**

某种观念或理想施加于设计,并把观念和理想贯彻到作品的每个末梢细节之中(图4.48)。

当然,从"时代观念"的角度可以解释很多问题,例如,按照罗杰·斯克鲁登的考查,在工艺美术运动时期,沃伊塞(Voysey)地区的许多住宅设计中,建筑师似乎倾向于取消所有的窗子,为的是不偏离他们的美学目标。除美学之外,诸如功能、材料、技术等问题也都能够归因于"时代观念"的影响。在本文中,上述问题都暂且不论,我们将集中谈论一种在后现代时期具有典型特征的观念以及这种观念对于风格选择的影响方式。

20 世纪 60 年代以来,西方全新的社会经济条件引起了人与物品(包括建筑形式、风格等)之间关系发生了根本性的变革和重组,这促使了那些具有敏锐意识的理论家们为这种社会重新勾画图谱,由此出现了"晚期资本主义"、"新工业国家"、"后工业社会"以及"信息社会"等学说。从生活方式上讲,这些社会有一个共同特征,即"富裕"和"消费"。

消费主义的兴起对于此时期的建筑设计具有特殊意义,它使人们对于建筑形式或风格的理解和处理方式带来了新的看法。当代社会之所以被称作是"消费社会",并非因为我们比以往更富裕了,从本质上看,人们对物品的选择、购买和消费已进入到诸如手势、仪式、典礼、语言、服饰以及价值观等所决定的"生活风格"的领域。也就是说,此时,有意义的消费就是一种系统化的符号操作行为。这种观点对于建筑设计风格的选择也同样适用。正如詹克斯所说的那样:"后现代"这个称号,精确地说,建筑艺术是一种语言的设计,作品本身应充满各种"符号",建筑形式应具有"符号"的指示作用。由于获得了语言学和符号学的视野,那么人们便有理由对建筑的形式、形象或风格的选择做出一种全新的定义:建筑设计连同物品的消费一道构成了对"生活风格"的认同体系。房地产营销术以及时尚的广告把这种选择性表现得异常明确,如"花钱买环境"、"花钱买氛围"以及"成功人士的象征"等(图4.49)。

通常,在设计建筑物外观或立面的过程中,对于到底能设计出什么样子,这往往取决于建筑的经济和艺术性两个方面,比如说:"钱够的话就用花岗岩,不够的话就用混凝土吧。"或者说:"学校建筑么,关键是形象要简洁、大方"以及"建筑的规模很小,最好不要小题大做"等等。一般听到上述决策是很正常的。但是现在,建筑物的外观或立面的设计决策还要诉诸于另一个因素:消费动机。

（a）广告 　　　　　　　　　　　　　（b）广告

（c）广告

图 4.49　房地产广告

经济学家认为，人的消费动机决定了人们对物品材料、式样的选择。在消费社会中，由于消费的概念十分广泛，已经突破了物品买卖的范畴而进入到了文化和精神象征的层次，因此，由消费动机而决定的式样设计过程明显地从属于一种有利于表现个性和个人化的原则。在这种意识中，"环境"、"氛围"、"品位"、"风格"、"符号"和"象征"等是其关键词。随着个人消费动机作用的扩大或日渐明显，设计市场开始出现一种"夸耀性消费"现象，即通过创造、设计(对于投资者和建筑师而言)或者购买、使用(对于消费者或使用者而言)某种具有特别的符号，形式风格的产品等来显示和炫耀自己的社会地位、身份、教养或价值观等。

无论伦理学家如何评价"夸耀性消费"，这种消费需求的存在是不容忽略的，而且随着社会经济的活跃而变得越来越重要。想当年，红旗牌轿车何等辉煌，代表着一种极高的社会身份。如今，红旗车经过改型，作为奥迪的系列产品之一，其社会地位已不可同日而语了。这个反例说明，炫耀性产品走向大众化则是其失败的开始。其实，建筑史表明，建筑的形式和风格在某种程度上都被看做是一种炫耀性对象，或者说，流派的形成和风格的设计都包含有炫耀性消费的动机。不论是君主时代，还是民主时期，艺术风格设计都处于一种基本情境之中，贡布里希形象地称之为"名利场"情境：只要在作品的风格和符号与人的身份和价值之间存在着某种对等关系，那么，艺术家和赞助人就会在这方面相互赶超。

整体看来，建筑的立面设计或外观风格的选择，简而言之，通常受到经济水平、美学观念和消费动机的影响。由于"功能"的含义常常陷于实用方面与精神象征方面两者之间的争辩之中，因此，功能对形式风格的影响可以归结于上述三种因素之中(图4.50)。在当代，相对于实用功能制约而言，形式风格设计越来越倾向于依赖心理学方面的依据。尤其是在功能相似、经济技术水平相对稳定的条件下，消费动机的作用日渐显著。20世纪60年代以来，后现代时期建筑思潮和建筑风格经历了一次加速周转和更替的时期，这种现象同消费社会的兴起之间的吻合不是偶然的。

图 4.50　后现代情境

经济因素："我来制定标准"；

形式美学："我去执行"；

消费动机："好吧，我负责解释"。

108

4.3.5 基础理论:视知觉原理的应用

上一节中,我们已经知道,市场决定风格。市场可以解释和允许做许多事,但是却不能做好每一件事。建筑的风格也好、形式组合也罢,本质上都是属于视觉传达领域的,因此,任何概念、意图、动机等抽象观念在建筑师找到恰当的视觉表现形式之前都是与建筑无关的。这就意味着,尽管立面设计中有各种不同的动机和目标,但是最终还是要回归视觉领域的(图4.51)。

现在,我们已经知道,人类所获得的信息中有80%是视觉信息。同时,下面这样的观点也是被公认的:如果没有一种选择原理,那么人们将会被淹没于不可控制的大量信息和知觉之中。对于建筑形式的视觉领悟(或解读)过程也是这样。人们对于建筑

图4.51 形式美学:既能够解释,也能够看到

的观看过程,从一开始就是有选择的:一方面,观赏者能看见什么,取决于他如何分配注意力;另一方面,注意力的分配又取决于图形的特殊组织。

视觉的选择过程,从心理学的角度来看,这个问题似乎太过复杂,人们还无法清楚地解释。但是,如果从经验的角度来看,这个过程又似乎是自明的,无需过多地解释。但不管怎样,设计过程倾向于将视知觉问题逐步缩小,从一般转向具体,从大问题转到小问题,这样,人们在运用视知觉原理时便会自觉或不自觉地运用两类经验来进行设计:一是运用"重力优势原理"来组织图形;二是依靠"视觉显著点"的效果和力量来引导注意力。

1) 重力优势

在评价立面构图的视觉效果时,人们的心理感觉作用往往要先于理论分析的过程。这是一种自然的和真实的程序。心理学的有关实验和研究表明,人们在观看一件艺术作品时,迄今最常发现的最主要的量度就是愉快感的量度(图4.52)。

这个量度包括下述形容词:愉快—不愉快;美的—丑的;有趣的—乏味的;使人印象深刻的—平淡无奇的;特征鲜明的—无特色的,等等。如果把愉快感的量度也用于建筑立面的效果评价中,那么,有一种构图倾向始终占有特殊地位,那就是平衡或均衡构图(图4.53)。

平衡状态,这在建筑结构力学设计中最不可缺少的。那么,在艺术领域中为什

图 4.52　愉快感:唤起了自然景观的最高质量

么"平衡感"也是不可缺少的呢? 阿恩海姆在《艺术与视知觉》中持有这样的见解,
即观赏者视觉方面的反应,应该被看做是外在物理平衡状态在心理上的对应性经
验。按照物理学中熵的原理(即热力学第二定律),整个宇宙都在向平衡状态发展。
依此而论,一切物理活动都可以看做是趋向于平衡的活动。与此同时,在心理学领
域中,格式塔心理学(亦称图形心理学)也得出了一个相似的结论,那就是每一个心

110

图 4.53　愉快感：大尺度上的均衡协调，是愉快感的第一级量度

理活动都倾向于一种最简单、最平衡和最易于理解和感知的组织状态。弗洛伊德在解释他自己提出的"愉快原则"时也曾说过："一个心理事件的发动是由一种不愉快的张力刺激起来的，这个心理一旦开始之后，便向着能够减少这种不愉快的方向发展。"总之平衡感对于人和艺术作品都是必需的，平衡感的存在为前面提到的"愉快感量度"提供了必要的基础。

在立面设计中，平衡感往往取决于那些具有"重力优势"因素的分布情况。

在立面构图中，哪些因素具有视觉上的"重力优势"呢？如果用物理学中的杠杆原理来解释构图中的重力现象，那么，很明显，重力首先是由位置决定的。当构图中的成分位于整个构图的中心部位时，它们所具有的重力要小于当它们远离主要中心轴线时所具有的重力。正是由于这个道理，很多立面设计的中心部分往往做得大一些，通过"增加"重力来强调中央的重要性，同时也以此获得整个构图的平衡。例如，中国古建筑的檐廊处理（图 4.54），位于中轴线上的明间

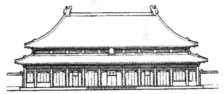

图 4.54(a)　故宫太和殿立面

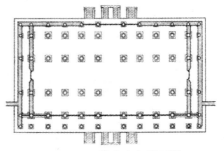

图 4.54(b)　故宫太和殿平面

111

总是要比位于边缘的稍间大一些,反之,如果中央与两侧的开间大小一样,那么,建筑的中心构图就显得弱小了。在非对称构图中,孤立独处的部分常常具有较大的重力和重要性(图 4.55)。众所周知,在舞台表演中或在连环画的构图中,孤立独处是作为突出主要人物的常用手段之一。在某些重要的场合中,明星总是注意到不使自己与其他人离得过近。建筑的构图原理与上述道理是相通的。

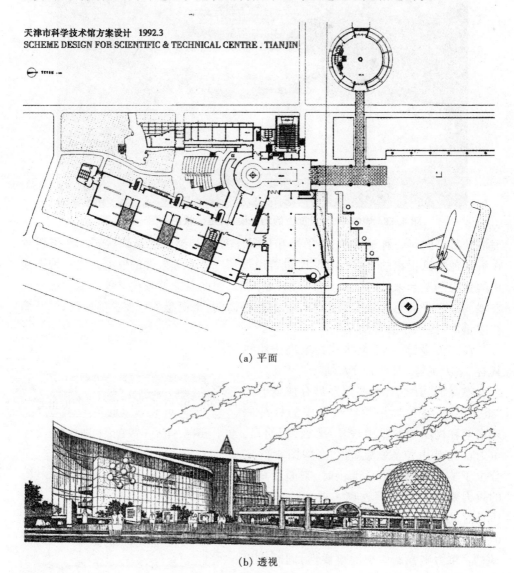

天津市科学技术馆方案设计 1992.3
SCHEME DESIGN FOR SCIENTIFIC & TECHNICAL CENTRE . TIANJIN

(a) 平面

(b) 透视

图 4.55 孤立独处——构图与均衡

此外,在由位置而产生的视觉重力的自然效果中,位于构图顶部的重力要比位于构图底部的东西重一些,因此,在设计中,建筑的底部或连接地面的底层部分一般处理得"超重"一些,以此避免头重脚轻的现象,这种情形在高层建筑的立面设计中较常见。

除了位置因素之外,人们的知识和兴趣是否会对图形重力产生影响呢? 如果看看那一长串用来区分葡萄酒的产地和风味的细微差别的牌子,或者那些用来区分不同种类的香水的商标,再看看批评家用的那些描述形式的渊源、象征和期望效果的各种词汇,那么,我们就会明白,人们对形式与文脉的关系,形式与其过去使用的语境联系,以及形式与大众兴趣之间的对应要求等知识背景,始终深刻地影响着人们对形式构图的观看过程,同时,也影响了某种特定形式(如传统样式)在整个构图之中的重力效果(图 4.56)。

2) 视觉显著点

在立面构图设计中,视觉信息可分为两类:一是直观的,属于几何学的;另一种是联想的,属于意义或象征的。在两者的关系中,前者是基础、是建筑设计要处理的首要问题。

无论是观看一座建筑物,还是观察一种建筑图形,他们都包括场地环境设计、建筑平面布局和建筑立面构图等,我们的眼睛在最初总有一个扫视过程,这是一个选择焦点的过程,并且最终我们的目光总会被某些特殊图形所吸引,这种能引起更多注意力的地方便形成了建筑图形中的视觉显著点(visual accent)(图 4.57)。

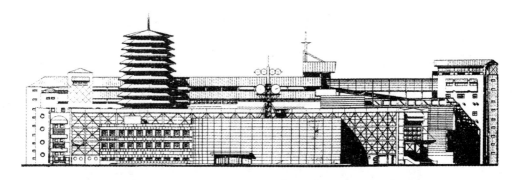

(a) 南立面图

（b） 模型照片

图 4.56 形式与重力优势

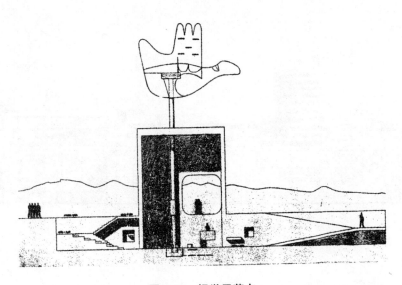

图 4.57 视觉显著点

从视觉信息的角度来看,视觉显著点必然是相对地包含最大、最多或最特殊信息的图形。在这样的图形中,"怪异"的图形虽然能够引人注目(确切地说,应该是令人侧目),但它并不是提高视觉效果的上乘途径。因为创造怪异而混乱的图形是不需要专业训练的。实际上,所谓具有视觉显著点的图形常常依靠诸如对比、变化、中断等形式构图原理而获得,不管是相似图形在结构密度上中断,还是在排列方向上变化,或者是尺度上的对比等,视觉显著点的效果和力量就是我们从整齐连续的秩序状态中发现一种情理之中而又意料之外的变化、中断、对比状态时所受到的震动(图4.58)。同样,杂乱的环境中意外出现的规整,或在陌生的场合中出现的熟悉之物,都会引起人们的注意和兴趣。

图4.58 视觉显著点的力量来自原有秩序的中断、习惯和期望的改变

在方案设计过程中,视觉显著点是如何出现的,以及应该出现在什么部位呢?在学习期间,细心的学生或许已经注意到教师的"改图"过程:多数情形中,学生的最初方案草图是复杂的、混乱的,诸如平面的外轮廓线组织、立面的空间体量的高低错落、开窗的式样品种繁多等等。这时,教师总会从"简化"原则出发对方案进行规整,该对齐的对齐,该拉平的拉平,在这个"改斜归正"过程中,仅保留一个或两个地方的特殊形态,从而在对比中形成了视觉显著点。有时,教师认为整个构图过于工整或单调,于是又常常启发和建议学生在某些局部插入某种特殊图形或造型以

图4.59 视觉显著点的效果

打破"呆板"的格局。在这里需要注意的是,所谓的视觉显著点并不是在立面设计时为追求某种效果而刻意加入的纯装饰性因素。实质上,它与平面空间的功能布局有着内外一致的逻辑关系。一个长相有缺陷的人即使头上插满鲜花也不会获得众人的青睐。同样,一个五官端正的人如果把花插错了地方,反而会因此而破坏整体形象。在建筑立面设计过程中,视觉显著点问题既有其内在逻辑(即某些空间可以用特殊形态表现而不影响其使用功能),同时又有其外部依据(即建筑物的某些部位因处于场地或街区环境中的视线焦点上而理所当然予以强调)。建筑的内部与外部、平面空间布局与立面造型设计相统一、建筑物与场地环境,或者说局部构图与环境景观相统一,这才是视觉显著点设计的实质效果(图4.59)。

由此可见,由于建筑物自身的性质、类型不同,加之建筑物所处的场地环境差别较大,因此,视觉显著点在立面设计中的位置、内容和表现形式是多种多样的。而且,其内容和表现形式又随着设计者的艺术素养和设计能力的不同而出现较大的差异。但是就位置而言,不论是平面设计,还是立面设计,建筑物的门厅以及整个入口地带的空间无疑是设计中的最典型的要点。此外,建筑物的边缘,如屋顶部分以及转角部分,也常常是观赏的重要区域(图 4.60)。

中心与边缘,是视觉显著点分布的一般规律。但作为立面构图的要点,有时建筑立面中出现一个要点便足矣,有时则会有几个要点。其位置和数量取决于前面说过的内外因素,即功能与环境的要求。此外,从纯粹构图的角度来看,各个要点的分布还应取决于另外一种重要因素,即视觉平衡效果。在心理感受上,视觉显著点往往具有一定的视觉重力优势。因此,可以通过视觉显著点来调整构图的平衡。反过来说,视觉显著点的位置、数量及分量必然取决于它们对平衡所起的作用。

（a）入口地带

（b）草图① （c）草图②

图 4.60 中心与边缘

4.4 从立面到立体：建筑体量造型

在现实中，建筑的视觉形象是由立面与体型共同创造和表达的。建筑的立面设计和平面图设计均属于二维造型，或者说是平面构图。而建筑的体量造型则是

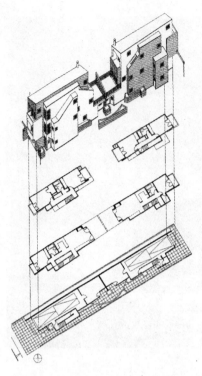

图 4.61 二维平面到三维立体的统一

三维的,属于立体构成。在建筑设计过程中,这种划分只是相对的,在建筑师的意识里,所谓的二维平面与三维立体构成始终是统一的,处于同时考量之中(图4.61)。例如在建筑平面图的设计中,实际上同时存在两种视角:对内则看做是对空间组合的表达,对外则看做是体量组合的反应。这就是说,所谓的二维和三维问题,实质上就像一枚铜板的两面,两者是一体的。但就学习的过程来看,我们不妨这样来理解两者的关系,即立体造型是平面设计的调整和深化的基础或线索。也就是说,对立体感的想像是平面设计过程中的必要内容,而不完全是独立于平面构图之外的"另一阶段"的事儿。

4.4.1 三维造型中的两个层面

虽然,平面设计与立体构成在建筑的方案设计中是统一的,但是为了学习上的方便,将三维造型作为一个相对独立的训练阶段还是必要的,因为立体的观察方法和表现形式更接近建筑物的实际状态和效果(图 4.62)。

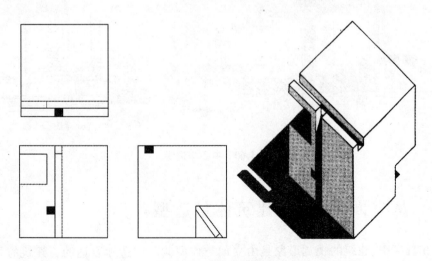

图 4.62 立体构成研究

118

一般说来,立体构成的目标有三个方面:①立体感的建立;②体量的构成原则;③体量的构成效果。其中,立体感的建立是建筑三维造型的前提,在此基础上我们才能谈论其构成原则和构成效果。

那么,什么是立体感,建筑的立体感包含哪些具体的内容呢? 其实,这个问题不像初学者或一些外行人认为的那么神秘,在草图设计的同时,我们可以通过对平面图形进行立体想像、勾画体块透视或轴测图以及制作初步模型(工作模型)等手段来建立立体感。其中以立体想像力为重点,它是区分内行与外行以及内行中设计水平高低的主要因素。例如,有人以正方形为单元进行构图,在平面形态上看很有构成意识或"造型感",但是一旦把它立体化之后,立体的形象却缺少造型魅力。这是因为,平面图形虽然"立"了起来,但却没有明确的"体"感;平面中各个构图单元之间由于相互黏连和融合而模糊或歪曲了当初的造型意图。若把它稍加改变一下,则平面构图与立体造型之间便能连贯而明确地体现出了同样的造型意图(图4.63)。

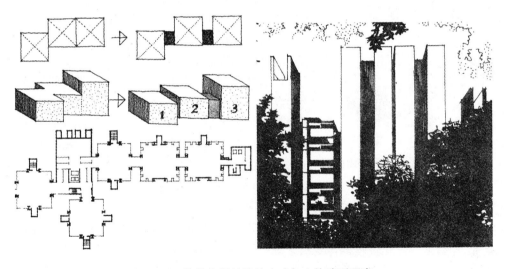

图 4.63　体块之间的连接方式与立体造型要素

上面的例子虽然简单,但却有助于我们理解什么是建筑的立体感。把建筑平面想像成立体的东西只是解决问题的第一步,这一步比较容易做到,但接下来对立体形象的感受和判断则主要来自直接的视觉观察。这样一来,平面构成中的某些意图在三维造型中可能会"看不见"或"没感觉"。反过来,如果我们对立体构成的效果有着很好的正确的想像,那么就会在平面设计中做出相应的处理或调整,以便能有效地传达自己的造型意图。

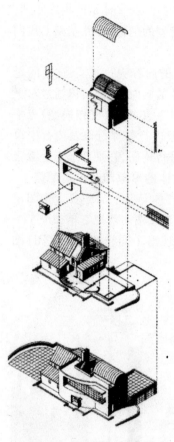

图 4.64　体块的分解与组合

由上可见,以视觉为中心的对立体的感受是三维造型的基础。对初学者来讲,一般地可从两方面来感受一个立体的效果:一个是从几何形体的角度来理解或解读;另一个则是通过对立体表面的材料、质感、划分特征的感受来获得造型效果和艺术魅力。在建筑造型中,通常所说的体量组合或体量构图,正是从"体"与"量"两方面的处理来传达人们对建筑造型的某种感受,可以说,形体感与质量感是所谓的建筑立体感所包含的具体内容。

(1) 从几何体的角度——形体感造型。在多数情况下,形体是视觉造型中的第一要素,建筑造型设计也不例外。

从形体分析的角度上看,一幢建筑物不论其体型多么复杂,但分解到最后却不外乎是由少数几个最基本的几何体所组成。把这个过程反过来,即对基本几何体进行加法组合,那么,就形成了三维造型的一种基本方法。

所谓的加法组合,顾名思义,就是通过部分体块的叠加、聚集、拼接、咬合、穿插等方式来获得整体形象。这种方法由于操作简单而被多数初学者所采用。但同时,也正是由于习之者众,因此,该方法所涉及的一些问题便具有了较大的普遍性和典型性(图 4.64)。

首先,一个问题是关于建筑整体的形象识别。加法组合是以局部求得整体的过程。在这个过程中,由于设计者的经验不足或者由于对局部体块的特征过分地注重,其结果常常导致整体体块缺乏统一性,例如整个体块的四周界面(或墙面)凹凸变化混乱,体块高低错落无序,体块之间的关系主从不分或整体构成缺乏平衡感等问题。其实,上述问题可以从两方面来理解:一个是初级方面,即由于各个体块的大小、形状和类型过多,从而使整体图形的轮廓线(包括平面的与立面的)混乱而复杂(这不是丰富)。相应的对策便是进行简化和规整,该对齐的对齐,该拉平的拉平,以此获得构图的整体感和统一性。另一个属于高级层面,即涉及所谓的"组合后效"的形象识别。我们知道,加法组合中,体块之间存在着叠加、聚集、拼接、咬合、穿插等构成关系。在整体形象上,由"关系"所造成的某些"修正"效果常常与我们的最初的构思有一些差距,也就是说,体块组合后,当我们连续地或同时地观察一组体块的整体形态时,所获得的印象是由"关系"来决定的。这时,对组合后整体效果的评价更多地遵循一般构图原理,如主从原则、均衡原则等一些传统美学标准。

另外,在加法组合中,我们之所以要特别关注"组合后效"问题,是因为在构成的最终结果中存在着这样一种客观现象。即一些形体感很强的体块,为了一个更大的整体的成立,会放弃自己原有的样子或某些特征(图4.65)。

既然,加法组合的效果中强调整体形象优先,那么,在建筑造型中可不可以直接从整体入手呢?当然可以。事实上,这就是与加法组合方法相对应的另一种基本方法:减法设计。

减法设计,在造型中就是对整体体块进行

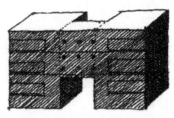

图4.65 组合后效:在大的整体形象中,立方体的特征消失了

切割,具体表现为水平切割、斜切割、螺旋切割与空洞等几种手法(图4.66)。其中,空洞减法是近几年才较常用的一种特殊造型,一般出现在规模和体量都很大的建筑物中,以此减轻大体量的笨重感或引导视线,在感觉上使建筑物前后空间或景观具有连续性。

减法造型的目的是为了获得或保持一个简洁的整体,因而在切割中我们应注意一个"度"的问题,也就是说,在设计中应时时观察和思考:切割多少、减掉哪个部位还能保持一个立方体或圆柱体的整体识别特征(图4.67)。切割的量和位置的不同对同一个基本形体的影响是有差别的。

(a)   (b)

(c)

(d)

图 4.66　水平切割、空洞、斜切割、螺旋切割

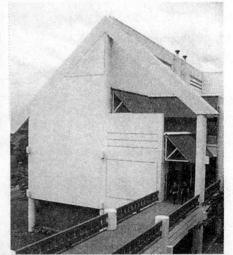

图 4.67　切割的位置与度

其实,加法构成与减法造型只是为了分析上和理解上的方便而区分的,在实际的设计中我们常常综合运用这两种基本方法。例如在加法造型中,对其中的某个局部体块进行减法处理;同样,在减法造型中,又把减掉的图形补充到整体构图之中,进行加法处理。综合运用的结果,使得图形或体块之间呈现出新的关系,如分离和变换、旋转与穿插等当代构成手法(图4.68)。

以上,我们在三维造型方面,从建筑形体的块感的角度,简要地介绍了立体感的问题。这只是问题的一个方面。以视觉为中心的立体造型,其造型效果和对立体感的表现还涉及另一个要素的处理,那就是与"块感"密切联系的"量感"问题。

(2) 从感性心理方面——质量感造型。在造型方面,量感比块感更抽象、更难把握么?其实不然。我们时时都在自觉地或无意识地从"量"的角度来感受某一对象,或者从对"量"的衡量过程中来获得某种感受。

通常,"量"是指物理的量或数学上的量。如重量和数量是常见的两个词。那么,"量感"这个词的含义又是什么呢,对"量"的感受是否要经过计算才能确定呢?为了回答这个问题,我们先看一下人们对同一个"数量"所具有的不同感受。例如在建筑造型中,某些高大的体块给人的感受却是轻盈的,而某个低矮的体块给人的感受却是凝重的(图4.69)。以上表明,"量感"既源于物理的和数学的量却又与其不同,它主要侧重于心理的感受。因此,在确定一种"量感"的时候,大约有两种不同的方式:一是通过计数或度量达到;二是通过把握其感性结构达到。在建筑造型中,体块的大小只不过是量感的度量基础,而实际的效果则更多地受到体块材料、表面质感、虚实划分等情况(即所谓的感性结构)的影响(图4.70)。

虽然说,量感属于心理的和感性的东西,但在建筑造型中仍然是可控制的和可操作的。

首先,量感是体块尺度的一种反映。关于尺度的概念我们在前面已经讲过,通常有相对尺度和绝对尺度之分。其中,局部体块与整体之间、或者体块与体块之间

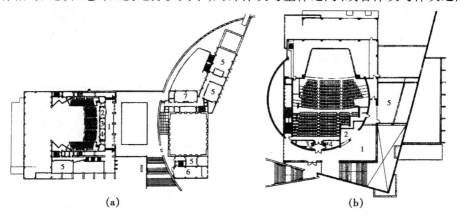

(a)　　　　　　　　　　　　　　　(b)

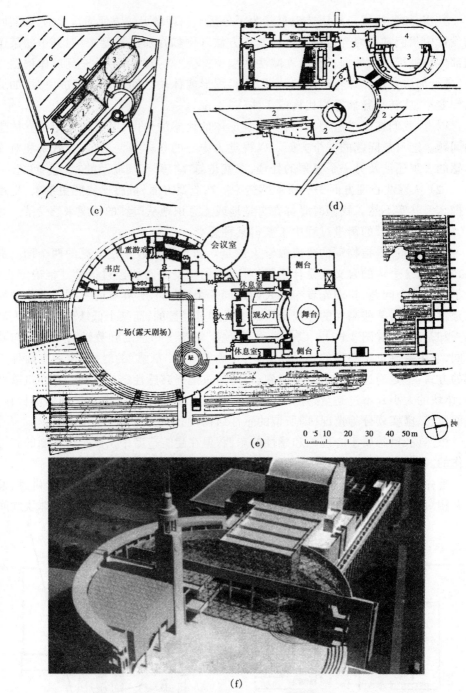

图 4.68 分离与变换、旋转与穿插构图

124

图 4.69　体块大小与质量感的大小有时不一致

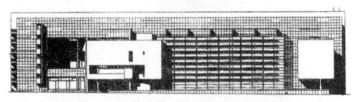

图 4.70　感性结构与量感

的相对大小关系,即相对尺度是量感表现的
客观基础。而体块的大小及其外表特征与
观众的期望、经验常识之间的匹配程度则构
成了量感表现的主观依据。这就意味着,建
筑中高大体块与低矮体块的造型与形象各
有其常形与常理,也就是说,不要把老人打
扮成小孩的样子,青年也不能穿戴成老人的
模样。虽然,"老人"与"青年"的形象没有
"常形",但却存在着"常理",即不能产生混
淆,不能造成视错觉(图 4.71)。在建筑造型

图 4.71　匹配:如其所是

中,可见某些高层建筑的顶部做成民居青瓦坡顶状,这就是违反常形与常理的例子,从而使建筑的整体量感产生视错觉。其实,常形与常理的要求与艺术表现中的"合适"、"相称"、"恰当"等概念相通,是一种最基本的和前提性的要求。

其次,量感不仅仅包含体块大小的判断,它还包含结实感、凝重感、轻巧感、紧张感、亲切感、进深感,以及稳定感与运动感等感性认识。这些感觉是与体块本身的材料、色彩、表面肌理的构成有关,同时也与体块之间的组合状态和组合体中的光影效果有关。再广泛地说,也与建筑物所处的周围现状和环境背景有关。例如,粗糙的混凝土材料给人的感觉是结实的和冰冷的,人们不愿接近它,总在提防被擦伤;而人们对木头的感觉则是软的和亲切的,但又不失其重量感。又例如,同样的体块,做多层竖向划分时则显得变宽,若做多层水平分割则变高。再比如,在环境背景方面,处于高山脚下的建筑与位于低层居住区中的同一建筑物给人的量感也是截然不同的。以上,材料、质感、虚实划分、光影组织以及建筑与环境背景的配置关系等都属于一种感性结构,它们直接影响着人们以视觉为中心的量感体验(图4.72)。

图4.72 材料、质感、光影组织影响量感体验

4.4.2 建筑学中三维造型特有的问题

立体构成是所有应用设计(包括商业包装、工业产品、建筑设计、环境规划等)的共同基础。但是,构成并不能取代设计。虽然,一个好的建筑作品,同时意味着具有很好的艺术形态,但是,一个有着很高的造型素养的人却不一定能做出合理的建筑设计。这是因为,建筑学中的三维造型有其特有的目标和依据。概括起来,建

126

筑造型有以下三方面的特征：

（1）建筑造型的目标和过程是以实求虚。在一般的立体构成作品中，"空间"的概念是一种"间隙"、一种透明感或一种通过影与像等平面技术处理而达到的立体幻觉或错觉效果。这种空间由于不涉及具体的使用要求，因而它是无差别的和抽象的。但在建筑造型中，空间的概念是建立在具体功能的基础上的，各种的功能空间不仅在形态上，而且在文化上具有较大的差异，是一种"容器"的概念。因而，在建筑作品中，空间与实体相互依存、对立统一。虚与实之间的基本关系或基本逻辑是以实求虚。不难理解，有造型而没有内部空间或内部空间不可用者，不能称之为建筑。相反，有可用空间而没有所谓的"艺术造型"的建筑，仍然是一种有效的和有价值的设计。这便是老子所说的"凿户牖以为室，当其无，有室之用。故有之以为利，无之以为用"。这里需要说明的是，以实求虚的观点并不意味着忽视实体造型的价值和作用，而是说，不应片面追求外部形体的新奇效果而损害了内部空间的正常使用状态，好的建筑造型是追求虚实形态的统一美（图 4.73）。

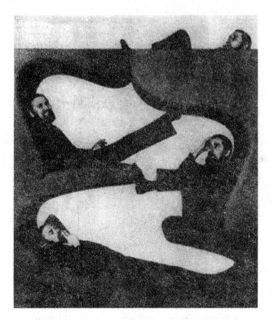

图 4.73　造型的目的——提供有用的空间

（2）建筑造型不是一个自足的、封闭的设计行为。由于建筑物与其所处地点之间有着众所周知的联系，使得造型结果成为一个处于特定环境之中的、不可移动的产物。换言之，建筑是城市的实体组成部分，因此，建筑造型已经不可能自我封闭在个体的范围内加以处理，需要从城市设计的概念和综合环境设计的角度来理解。当前,作为建筑设计与城市规划的接口,城市设计已成为建筑师必须掌握和参与的理论与实践。对于建筑造型而言,局部的、个体的微观形态研究,诸如尺度、比例、层次、序列、对比、变化等以及建筑布局、体量组合、朝向和方位等建筑单体的问题,也应逐步上升;在城市设计的层面上加以调整和深化,从而使建筑造型具有可识别的地方性和场所感等内涵(图4.74)。

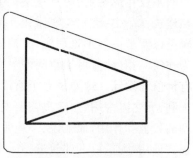

根据梯形地段,将东馆构思成两个三角形,成功地获得了最大的建筑美学和空间利用的效果。

华盛顿国家美术馆东馆之几何构图及其与老馆的关系

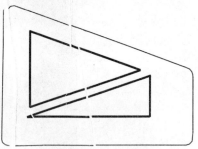

大的等腰三角形为展览厅,小的直角三角形为高级视觉艺术研究中心。

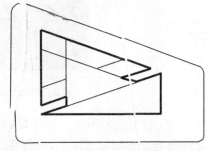

第三个三角形为内庭顶部庞大的采光顶棚,反复强调三角形的基本构图要素。

128

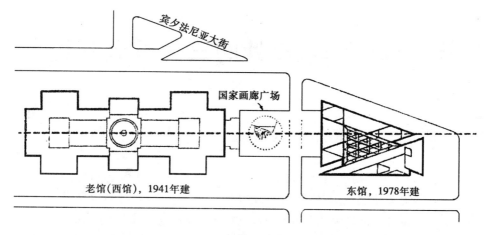

图 4.74　华盛顿国家美术馆东馆

（3）建筑造型应符合结构力学的基本原理。在与造型相关的各种考虑因素中，"重力"是区别于建筑造型与一般立体构成作品的关键要素。

以往，在传统的影响下，每一位攻读建筑设计的学生常常是优先地被培养成为一个艺术家，在专业的期刊和杂志中以及在各种设计竞赛的导向中，艺术被极度地夸张。如何理解这种现象呢？其实，这里涉及"学习"与"创作"两个层面的问题。建筑创作可以有单一的价值取向，美学的目标时常会超乎经济、结构合理的要求之上。但是，学习不同于创作，学习阶段必须以全面的知识接受和对其综合运用为基础。其中结构概念和基本知识是建筑师在方案构思中创作思维的基本依据之一，而且从来就是如此。任何建筑造型在实际中都应能够承受巨大的、超乎想像的重力及其他危险的作用力（如地震力和风力等）。有些乐观的设计者以为只有劣质的材料加上错误的施工，再加上天灾的帮忙，结构才会毁坏。其实，我们还应认识到另外一种危险性，即建筑造型在整体上的平衡、稳定、支撑的合理性问题。在现代，尽管知识的专业化已经进入到建筑设计领域，但是，从结构的观点来看，使用和表现合理的结构造型仍然是建筑师的职责和荣誉（图 4.75），结构的正确性还能增加建筑的美观。

图 4.75　承受重力——建筑师的职责与荣誉

5　形式与空间:设计的三大基础理论

5.1　图底理论(Figure-ground Theory)

　　人们在公园或置身于自然风景区时,通常并不在意其中的建筑物的数量有多少,而是更多地关注建筑的"质",即独特的形式、风格、色彩、材料以及是否具有文物价值等因素。但是,在城市环境中,当一块场地中的建筑密度或建筑覆盖率比外部剩余空间的密度大时,建筑师观察事物的方式就与一般游人有了区别,表现为他会同时权衡目标建筑物与周围公共空间之间的相互联系(图5.1)。图底理论(或称图形—背景分析、实空分析)主要研究的就是作为建筑实体的"图"和作为开敞空

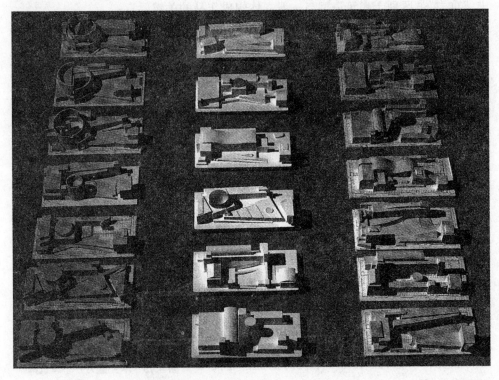

图5.1　目标建筑与周围公共空间的相互关系

间的"底"之间的相互关系(图5.2)。它的理论基础主要来自格式塔艺术心理学。

格式塔是德文"Gestalteinheit"的译音,中文一般把它译为"完形"。它主要研究图形从背景中分离出来的诸种条件和各种分离的要素组织成一个整体图形(完形)时所遵循的原则。通过大量的心理实验,格式塔心理学首先提出一个假设,即人在观察事物时有一种最大限度地追求内心平衡的倾向,这是一种"格式塔需要"。这种需要使得人在观看一个不规则、不完美的图形时总是倾向于将构图中的各种分离的要素朝着有规律性和易于理解的方向上重新组织。例如,如果不考虑数

图 5.2 图与底

学上的原因,那么,两条成85°或93°角的线段常常被看做是一个直角;轮廓线上有中断或缺口的图形也往往会自动地被补足成一个连续整体的完形。上述"格式塔需要"有时也被某些心理学家生动地称为"完形压强"。

由于完形压强的存在,以前我们所讨论的那些形式美学的范畴,诸如对比与微差关系、节奏与韵律关系、对称与均衡关系等都可以看做是完形压强的作用结果。可以说,完形需要使得图形的组织过程遵循着邻近原则、类似原则、共同命运原则、闭合原则、最短距离原则以及完成的倾向性追求等原则(图5.3)。不难理解,作为一种观察方式,这些原则使得格式塔具有两种基本特征:一是强调整体优先;二是与之相应的强调结构优先。这就是为什么我们在做素描练习过程中时常眯起眼睛或者后退几步来观察对象的原因。在这个过程中,我们总是不断地从整体特征和结构关系的角度来权衡、安排局部造型的位置和形状、色调的轻重和虚实等具体问题。

在建筑构图中,人们经常出现的失误在于只将我们认为"有用的"方面如建筑物实体所占据的位置及其轮廓特征(称为正形或阳形)展示给视觉,而对于与之相对应的建筑物之间的剩余空间(称为负形或阴形)却视而不见。显然,这是不符合格式塔原则的。在当代建筑观念中,建筑内部空间与其外部空间(图5.4)具有同等的地位,这已经是一种共识。芦原义信在《外部空间论》中曾把外部空间称为室内的"逆空间",他认为可以这样幻想:把原来房子上的屋顶搬开,覆盖到广场上面,那么,内外空间就会颠倒,原来的内部空间成了外部空间,原来的外部空间则成了内部空间。像这样内外空间可以转换的可逆性,在考虑建筑空间时是极其具有启发性的。除了建筑内部空间外,"逆空间"的大小、位置和图形特征也要满足设计意图,这无疑是合乎格式塔原理的。

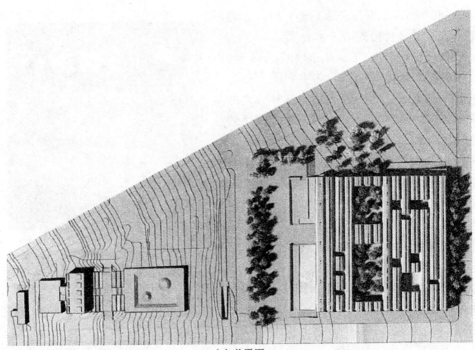

(a) 总平面

(b) 模型

图 5.3　完形的组织

图 5.4　外部空间的图形

　　广义地说，在建筑空间构图中，作为正形的"图"和作为负形的"底"有着不可分割的紧密联系，只有两者的结合才能真正的构成一个"格式塔"。

5.2　结构主义（Structuralism）

　　"结构"、"结构主义"、"结构主义建筑思潮"这类词语对于多数人来讲似乎是很抽象的、复杂的，因为它带有浓重的哲学味儿。其实，如果我们在上一节中从图底关系的分析中已经建立了必须从正/反、图/底、实/空两个方面或双重视角来观察一个完整的形式（Gestalteinheit）这样一种习惯，那么，我们就可以被称为"结构主义者"。说到底，所谓结构主义，它只是一种思维方式或思考方法。这种思维方式的核心原则建立在这样一种普遍的假设之上，即世界的"现实"本质上不属于物自身，而属于我们在事物之间发现的关系。否认"实体的"观点，而赞成"关系的"观点，这在物理学和数学领域尤为突出。

　　结构、结构主义作为现代思想家所日益关心的问题，是在探索感知的本质时一次重大的历史性转折的产物。自 20 世纪 60 年代以后，建筑界形成的一些重要先锋运动或思潮中也均可归因于结构主义的影响,如建筑类型学、建筑符号学、场所理论、文脉理论乃至历史象征主义等。至于后来的解构主义从某种意义上讲也可以看做是由结构主义的观点所引发的逆向思维的结果。

既然结构主义如此重要,那么,要成为结构主义者就首先应该知道什么是"结构"。

首先,结构作为整体性概念而存在于实体的排列组合之中。专家在评价一个城市或地区的居住水平时,除考虑人均建筑面积指标之外,还常常用每户"成套率"这一整体性指标。当两户合住一套住宅时,即所谓合租户或合住户,其成套率就低,因为每户都不完全、不完整地使用同一套住宅内的空间或设施。这种情况下,可以说我们在合住户型中观察不到一个完整的结构。另一种情况是,人们在购买住宅时总会反复权衡、比较和观察两套或两套以上的同类户型,做出选择的依据,除了价格、区位等因素之外,更为关心的还有户内的布局,房间之间的关系等"结构上"的因素。当一种户型内部起居、卧室、厨、厕等空间和设施一应俱全时,人们为什么还更在乎各房间之间的关系呢? 显然,这反映出了一种"整体性"的要求。结构的整体性不同于一个集合体或混合物,各部分相加之和不等于整体,反之,人们也精明地知道,一个完整、连贯与合理的结构整体带来的属性和便利远远多于其组成部分单独获得的属性和便利之和。正如一个三角形的特性不能从三条线段的概念上来解释一样。

其次,结构概念的第二层含义是它具有转换功能。结构不是静态的,结构通过"生长、变化和共存"可以形成各种关系。例如通过生长而形成聚集或并列关系;通过变化而形成等级关系;通过共存而形成多价空间等(图5.5)。

在建筑中,由单一空间构成的建筑是极其少见的。各种用途的空间聚集是构成建筑物和形成结构的前提。由于建筑的形式和空间都存在着实际的差别,因而

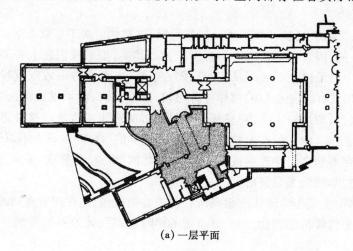

(a) 一层平面

134

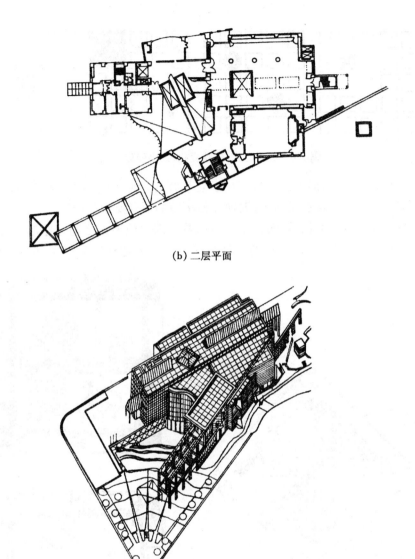

(b) 二层平面

(c) 轴测

图 5.5　名古屋市立现代美术馆:门厅作为多价空间

等级关系可以在全部的至少是绝大多数的建筑构图中被观察到。一般来讲,可以通过采用特别的尺寸、独特的形状和关键的位置这三方面的变换来获得等级关系(图 5.6)。通过重叠和共存关系而形成的多价空间则是现代公共空间观念中特有的品质。多价空间意味着共享、用途的多元性、空间归属的不确定性和空间分界的模糊性等。

135

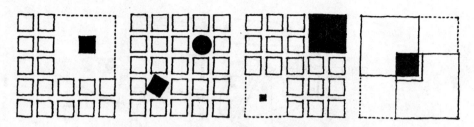

图 5.6 位置变化、形状变化、大小变化、重叠变化

再次,结构概念的第三层含义在于它具有自足性。这体现了结构主义者对形式含义的理解。结构主义认为,要使任何单独的形式要素"有意义",并不在于让要素本身有什么独特的性质,而是在于使该要素同其他要素之间建立起差异或同一关系(图 5.7)。这一点在结构的转换功能中已经表达得很清楚了,但对于结构主

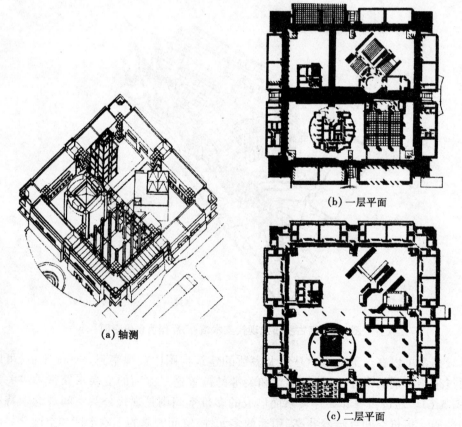

(a) 轴测

(b) 一层平面

(c) 二层平面

图 5.7 形式之间的结构关系是形式意义的来源

136

义来讲,形式的含义虽然有它的历史根源,但更应看重它在当前的结构上的属性。由结构(构成)过程造成的种种"关系"本身就是含义的源泉。含义只不过是这种可能出现的编码变换,这种观点颇有信息论的味道。

从上述关于结构的概念理解中,我们不难发现,结构主义作为一种思维方式或思考方法,它对于研究对象的观察具有明显而又明确的选择性,即一方面强调"关系"重于"关系项",构成整体的各部分本身没有独立的意义,只能从关系中发现其意义;另一方面强调共时性重于历时性,形式、形式之间虽然存在着历史联想方式的、线性发展的"垂直"关系(历时性),但结构主义的兴趣和视野在本质上更在乎形式之间的"横向组合的"即"平面的"关系(共时性)。通过"聚集",结构主义把垂直挖掘出来的所谓"深层结构"如各种原型或某些普遍存在的类型图式等(图5.8)转化为此时此地的平面构图之中。

总之,结构主义的基本命题可以表述为:关系即形式,即结构。形式与内容统一。

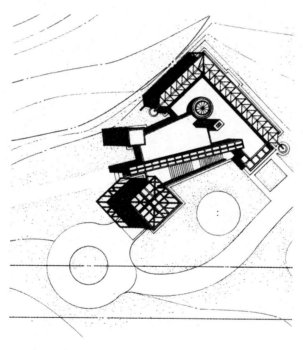

(a) 某建筑设计总图

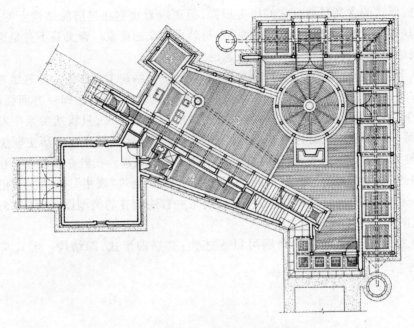

（b） 二层平面

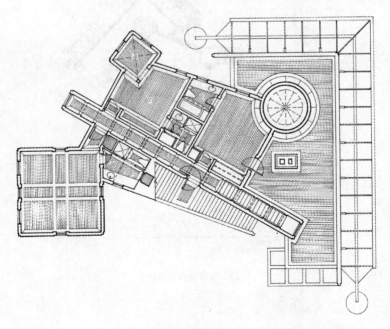

（c） 一层平面

138

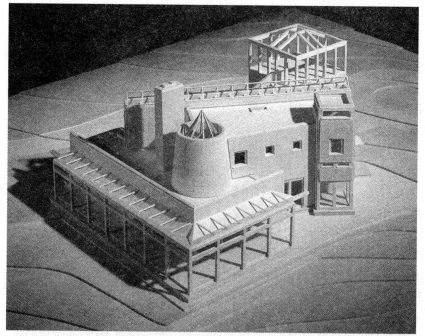

（d）模型1

（e）模型2

图5.8 艺术创新意味着形式要素的重新组织

5.3 场所与文脉理论(Place and Context)

场所和文脉是一组典型的"后现代"概念。

建筑的历史总是被划分为种种概念性的时期:中世纪、文艺复兴、巴洛克、浪漫主义等等直到现代主义和后现代等。每一个时期都为我们的思考方式提供一种建筑之外的支点,而不同的支点反过来又影响着人们对建筑现象的观察角度和解释的方向。

正如马克思所说的:"人类总是只处理那些他能够解决的问题……我们将常常发现:只有问题之解决所需的物质条件已经存在,或至少正在形成中,问题本身才出现。"

在后现代时期,由于"建筑用户的需要"、"使用者的意义"以及环境意识越来越获得尊重,建筑已不能在几何学的概念里得到充分的表达了。此时建筑师开始倾向于用场所的概念来替代传统的空间概念,从而使建筑元素的周期表中又增添了新成分。

一项建筑工程总是与一个特定的场所有关,这时,建筑物本身可以是标志或者作为识别一个场所的基本因素,但却不是全部。在场所概念中,最重要的方面是它与人的活动模式有关。例如,儿童总是喜欢利用剩余空间,如水泥管中、墙角、凹室、宅前空地等,并根据自己的意愿用旧轮胎、纸板箱、树枝等将环境划分成各种领域。从某种意义上讲,领域就是场所,它是使用者根据自己活动的需要,对空间使用方式的一种规划。因此,场所与特定的使用者(用户)在特定的区域(领域)中经常发生的行为类型、时间和频率密切相关(图5.9)。建筑师要想创造一个有意义的、有效的场所,就必须了解使用者的需要,以及他们对空间的使用方式。在建筑空间设计中所追求的场所精神实质上就是要挖掘出使用者所认同的和对之有归属感的环境特征,包括物质形态特征和由此引发的种种精神文化联想。

图5.9 使用者的场所

如果说,由场所概念取代空间概念,这已经解决了"做什么"这个问题,那么,在"怎样做"这个问题时,一些后现代建筑师则从现代语言学研究中获得了灵感。表现为他们从语言学中引进"文脉"(context)概念,并把场所看做是对文脉作出反应

140

的结果。

Context,有文章的"上下文"、"前后关系"和"语境"之意。同时,也有"背景"、"四周环境"(environment)和"周围事物"(surroundings)之意。另外,有人也用"关联性"(relevant)来解释"文脉"(如 A.L.Huxtable);有人又用"特别化＋都市化"来概括之(如 C.Jencks)。可见,文脉有虚实之分:可见的、实体的物质环境是文脉的第一层含义(图5.10),即具体的物质形态、可见的环境特征等对建筑设计有最直接和最有力的影响;有关历史传统、精神文化的观念形态则是文脉的第二层含义。第二层含义具有含蓄、模糊、不定性,最终需要通过物质形态来转译并传递信息。

图5.10　文脉的第一层含义:物质环境

对文脉反应或反映而引发的空间场所设计,其形式应具有以下几个特性:

①图形——背景的清晰性;②结构关系的相似性;③主题或含义的连续性等特征。即一方面,体现出空间上的和谐,即建筑与环境的有机结合;另一方面,体现为时间上的和谐,即建筑与传统的有机结合(图5.11)。

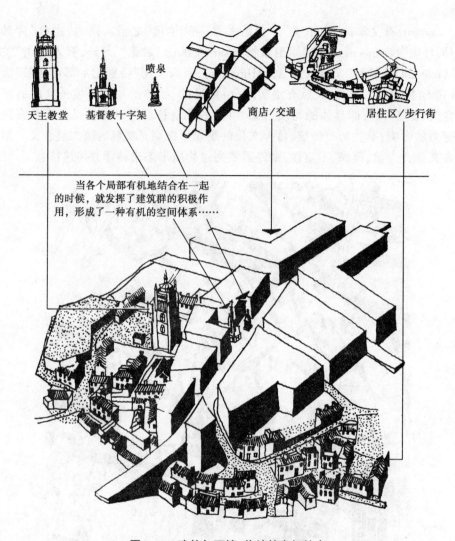

喷泉

天主教堂　　基督教十字架　　　　　　　　商店/交通　　　　居住区/步行街

当各个局部有机地结合在一起的时候，就发挥了建筑群的积极作用，形成了一种有机的空间体系……

图5.11　建筑与环境、传统的有机结合

　　有一种担心，认为强调文脉关系，会导致建筑设计中的"创新性"的减弱。其实，这是由于人们对"创新"含义的片面误解所致。建筑学专业的学生喜欢把建筑视为一种艺术品，把建筑设计作为一种艺术活动来看待，这种观点虽然不全面，但至少是正确的，而且也因此极大地提高了他们的学习热情和职业的自尊。然而，严格地讲，建筑是一种不纯的艺术，相对于传统艺术（诸如绘画、美术、雕塑、音乐等）来说，建筑在"艺术"领域之外还有别的重要支点，例如它要遵从工程技术的法则，适应于社会经济的水平，以及承担实用性等作用。在社会劳动的宏观视野中，建筑是一种产品。建筑产品的创新,除具有其特殊性之外,无疑也会符合产品"创新"的一般过程。对于后者,美国经济学家熊彼特在《经济发展理论》(1912年)曾提出一个洞见,他给"创新"下的定义是"生产要素的重新组合"。事实上,在几乎没有"文脉"可循的现代工业产品创新中,现代工程师或发明家通过建立、开发各种"系列产品"或"品牌系列"而塑造其产品"文脉",同时,依靠这种已建立起来的"文脉"背景而不断地进行产品要素的重新组合,即创新(图5.12)。这就是现代产品设计师所说的"初创形式加变换"这样一种基本概念和方式,即"变换式创造"。

图5.12　公牛头＝自行车把＋车座艺术创新＝原有形式要素的重新组合

由此可见,所谓的"文脉"、环境特征,就是产品之身份和价值的构成要素。工业产品的创新之所以要求对"产品文脉"进行反应或反映,目的是为了强化和拓展其已建立的市场份额。而建筑设计的创新之所以要求对环境文脉进行反应或反映,其目的则是为了强调和保护"建筑的用户"即使用者的文化传统和生活经验。从这个目标的角度来说,建筑设计是一项最具挑战性的伟大的艺术实践。

"变换式创造"实例:(以下作品选自 KPF)

1) 实例一(图5.13)Carwill House Ⅱ.

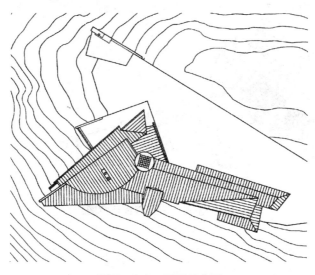

图5.13(a)　平面示意图

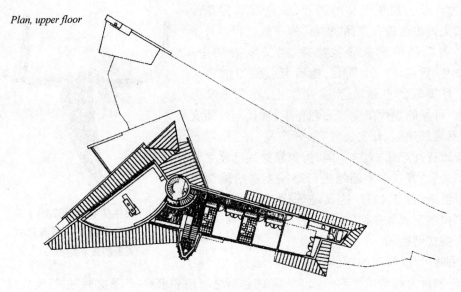

Plan, upper floor

图 5.13(b)　二层平面示意图

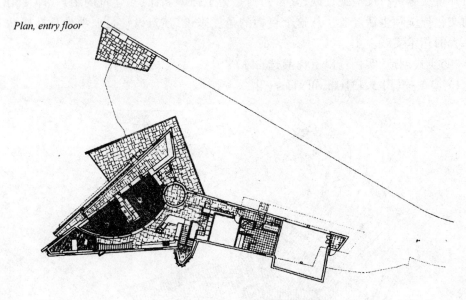

Plan, entry floor

图 5.13(c)　一层平面示意图

144

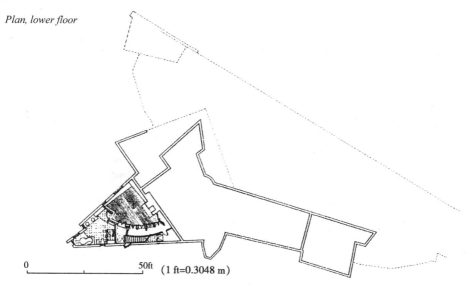

Plan, lower floor

0   50ft   （1 ft=0.3048 m）

图 5.13(d)　地下一层平面示意图

图 5.13(e)　模型照片

2) 实例二(图 5.14)Singapore Arts Center.

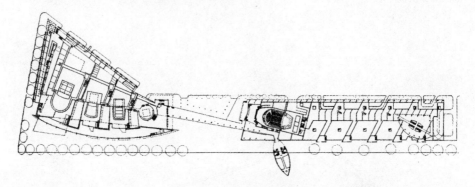

图 5.14(a)　一层平面示意图

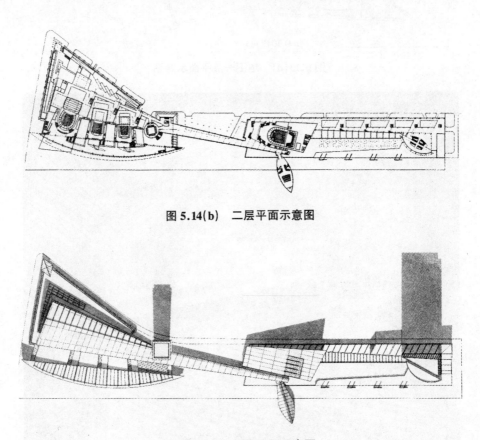

图 5.14(b)　二层平面示意图

图 5.14(c)　屋顶平面示意图

图 5.14(d)　模型照片

图 5.14(e) 室内透视

3) 实例三(图 5.15)University of Pennsylvania/ Revlon Campus Center.

3rd floor

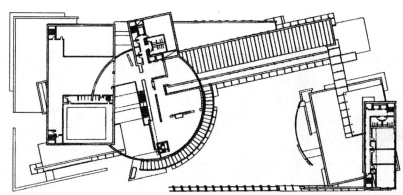

图 5.15(a)　三层平面示意图

2nd floor

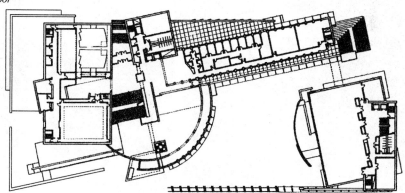

图 5.15(b)　二层平面示意图

ground floor

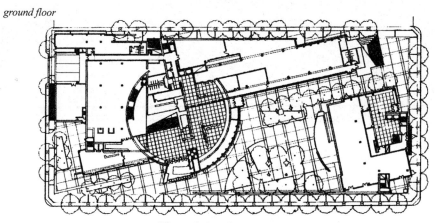

图 5.15(c)　首层平面示意图

149

图 5.15(d)　模型照片 1

4）实例四（图 5.16）Hanseatic Trade Center．

图 5.16(a)　模型照片 1

图 5.16(b)　模型照片 2

插图索引及说明

以上插图引自[美]余人道(Rendow Yee)著.建筑绘画——绘图类型与方法图解.陆卫东,汪翎,申湘等译.北京:中国建筑工业出版社,1999(以上插图图名为作者加注)

引自[美]Kenneth Frampton 著.近代建筑史.贺陈词译.台北:茂荣图书有限公司,1984

以上插图引自[美]弗朗西斯.D.K.钦著.建筑:形式、空间和秩序.邹德侬,方

千里译.北京:中国建筑工业出版社,1987

图3.34 "功能:居住的机器"

引自[美]阿尔文.R.蒂利亨利.德赖弗斯事务所.人体工程学图解——设计中的人体因素.朱涛译.北京:中国建筑工业出版社,1998(图名为作者加注)

图4.2 "公共限制:关于建筑高度、主入口方位、平面边界、建筑尺度"

图4.6 "斜线控制"

以上插图引自金广君著.图解城市设计.哈尔滨:黑龙江科学技术出版社,1999

图4.5 "日照间距与建筑控制线"

图4.7 "平面限度+剖面限度=最大可建建筑空间范围"

图4.16 "功能关系及建筑方块图"

图4.34 "某建筑剖面图(无比例)"

图4.35 "某住宅剖面图(无比例)"

以上插图引自任乃鑫主编.注册建筑师资格考试(作图部分)模拟题.沈阳:辽宁科学技术出版社,2000

图4.19 "外部—内部—外部"

图4.57 "视觉显著点"

图4.60 "中心与边缘"

以上插图引自黄为隽.立意、省审、表现——建筑设计草图与手法.哈尔滨:黑龙江科学技术出版社,1995(以上插图图名为作者加注)

图4.32 "方案的调整与深化"

图4.55 "孤立独处——构图与均衡"

以上插图引自彭一刚.创意与表现.哈尔滨:黑龙江科学技术出版社,1993(以上插图图名为作者加注)

图4.40 "M.富克萨斯的空间设计"

引自世界建筑.2000(12)

图4.39 "两个视图中的三维空间"

图4.56 "形式与重力优势"

以上插图引自天津大学建筑系编.天津大学学生建筑设计竞赛作品选集.天津:天津大学出版社,1995(以上插图图名为作者加注)

图3.11 "面的折叠"

图3.26 "对比关系"

图3.27 "微差关系"

图4.51 "形式美学:既能够解释,也能够看到"

以上插图依次引自

[日]朝仓直巳著.艺术·设计的立体构成.林征,林华译.北京:中国计划出版社,2000;

[日]朝仓直巳著.艺术·设计的色彩构成.赵郧安译.北京:中国计划出版社,2000;

[日]朝仓直巳著.艺术·设计的光构成.白文花译.北京:中国设计出版社,2000;

[日]朝仓直巳著.艺术·设计的平面构成.林征,林华译.北京:中国计划出版社,2000

(以上插图图名为作者加注)

图2.2 "建筑(室内)空间"

图3.51 "愉快的空间"

图3.52~3.56 "空间环境对人的影响及人们使用空间的行为方式"

以上插图引自天津大学建筑系资料室主编.现代建筑画选——美国钢笔建筑表现图.天津:天津科学技术出版社,1986

图3.41(b) "顶面的变化"

图4.18 "单元的重复——'生长'成整体"

图5.10 "文脉的第一层含义:物质环境"

图5.11 "建筑与环境、传统的有机结合"

以上插图引自天津大学建筑系资料室主编.现代建筑画选——城市规划与设计表现图.天津:天津科学技术出版社,1987(以上插图图名为作者加注)

图3.5 "两端及交叉点上的特殊处理"

图3.8 (a)"线的联系作用"、(d)"线的装饰作用"

图3.10 "抽象的控制线"

图3.30 "复杂的重复"

图4.21 "相对独立的通道系统"

图 4.22(a) "动线上的要点"

图 4.28(d) "线列式空间组合特征"

图 4.29(a) "线列式组合的变体"

图 4.31(a) "网格式空间构图"、(b)"辐射式空间构图"、(d)"自由式空间构图:总平面"

图 5.5 "名古屋市立现代美术馆:门厅作为多价空间"

图 5.7 "形式之间的结构关系是形式意义的来源"

以上插图引自夏青,林耕编.当代科教建筑.北京:中国建筑工业出版社,1999(以上插图图名为作者加注)

图 3.42 "垂直面要素"

图 4.8 "建筑的性质影响场地划分"

图 4.68 "分离与变换、旋转与穿插构图"

以上插图引自刘振亚主编.当代观演建筑.北京:中国建筑工业出版社,1999(以上插图图名为作者加注)

图 3.6(b) "作为领域的视觉中心"

图 3.13 "感知:侧重于面特征"

图 3.25 "尺度问题:全景直观"

图 3.40 "基面的变化"

图 3.41(a) "顶面的变化"

图 3.47(a) "加法与减法的共同作用(一)"

以上插图引自陆乃誉,杜海鹰,王家兰主编.世界最新建筑表现图.沈阳:辽宁科学技术出版社,1994(以上插图图名为作者加注)

图 3.9 "线的装饰、描述作用"

图 3.17(c) "现代建筑中局部对称而整体均衡的构图"

图 3.28 "时空变化与效果"

以上插图引自李洪夫,吴明主编.世界最新建筑画.哈尔滨:黑龙江科学技术出版社,1992(以上插图图名为作者加注)

图 3.16 "形状与体块的聚集"

图 3.33 "节奏的收敛与停顿"

图 4.29(c),4.29(d) "线列式组合的变体"

图 4.44　"自由立面"

图 4.66　"水平切割、空洞、斜切割、螺旋切割"

图 4.67　"切割的位置与度"

图 4.75　"承受重力——建筑师的职责与荣誉"

以上插图引自[日]渊上正幸编著.世界建筑师的思想和作品.覃力,黄衍顺,徐慧等译.北京:中国建筑工业出版社,2000(以上插图图名为作者加注)

图 4.59　"视觉显著点的效果"

图 4.60(a)　"入口地带"

以上插图引自《中国建设年鉴》编辑委员会.中国建设年鉴2002(上卷).南昌:江西科学技术出版社,2002(以上插图图名为作者加注)

图 2.1　"自然空间"

图 4.52　"愉快感:唤起了自然景观的最高质量"

图 4.53　"愉快感:大尺度上的均衡协调,是愉快感的第一级量度"

以上插图引自[美]约翰.O.西蒙兹著.景观设计学——场地规划与设计手册(第3版).俞孔坚,王志芳,孙鹏译.北京:中国建筑工业出版社,2000(以上插图图名为作者加注)

图 3.8(b)　"线的连接作用"、(c)"线的支撑作用"

图 3.14　"感知:侧重于体特征"

图 3.31　"节奏与韵律的配合"

图 3.32　"节奏与韵律的垂直变化"

图 3.35　"相称:期望与象征"

图 4.28(a),(b)　"线列式空间组合特征"

图 4.31(c)　"组团式空间构图"

图 4.37　"平面与剖面的综合——空间效果"

图 4.47　"后现代＝现代主义＋X"

图 4.66(d)　"螺旋切割"

以上插图引自李雄飞,巢元凯主编.建筑设计信息图集.2.天津:天津大学出版社,1995(以上插图图名为作者加注)

图 4.49　"房地产广告"

引自香港日瀚国际文化有限公司.中国房地产广告经典.北京:中国计划出版

社,2001

图 3.17(b) "东汉陶楼明器:不对称但均衡的构图"

图 3.20(d) "室内高度与比例"

以上插图引自侯幼彬,李婉贞编.中国古代建筑历史图说.北京:中国建筑工业出版社,2002(插图图名为作者加注)

图 4.45 "建筑学家称后现代主义的创始有个精确的时间"

图 4.46 "合理方法 = 技术范畴 + 人情领域"

以上插图引自 Richard Appignanesi.后现代主义.黄训庆译.广州:广州出版社,1998

图 5.12 "公牛头 = 自行车把 + 车座艺术创新 = 原有形式要素的重新组合"

(原作:毕加索),引自[美]H.H.阿纳森著.西方现代艺术史(第 2 版).邹德侬,巴竹师,刘挺译.天津:天津人民美术出版社,1978(插图图名为作者加注)

图 3.47(b)、(c) "加法与减法的共同作用(二)、(三)"

以上插图引自作者.John Portman and Associates, Selected and Current Works. First published in Australia in 2002, by The lmages Publishing Group Pty Ltd.

图 5.3 "完形的组织"

以上插图引自作者.Louis l. kahn: In the Realm of Architecture. published in the United States of America in 1991 by Rizzoli International Publications, INC.(插图图名为作者加注)

图 5.1 "目标建筑与周围公共空间的相互关系"

图 5.2 "图与底"

图 5.4 "外部空间的图形"

图 5.8 "艺术创新意味着形式要素的重新组织"

图 5.13 ~ 5.16 "变换式创造"举例

以上插图引自 Edited by Warren A. James. Kohn Pedersen Fox Architecture and Urbanism 1986—1992, KPF.(以上插图图名为作者加注)

文中凡未注明插图来源的均为作者绘制。

后 记

1983 年，我进入天津大学建筑系接受建筑学专业教育的时候，所接触的教材是由天津大学主编张文忠教授执笔的《公共建筑设计原理》一书，这本书是 1981 年中国建筑工业出版社出版的。在四年本科学习期间，我的最大感触是建筑设计过程中的一些现在看来属于"浅显易懂"的领域反倒给学生们出了难题。那么，二十多年后的今天的情况又怎样呢？尽管现在建筑设计理论的专业书籍之多已不胜枚举，但是面对如此铺天盖地的信息，学生们在学习过程中仍感无所适从。这表明，建筑创作领域中的成果与建筑教学过程的规范化之间亟待整合。

为了写出一本简明且使学生感到亲切的书，我在本书的编写过程中，一方面对传统教材中的基本内容诸如功能问题、空间问题和形式美学等进行筛选和吸纳；另一方面，又尝试性地综合了心理学、视觉传达理论和当代建筑构图及造型的一些典型方法和理论。而且，考虑到学生在阅读和理解上的特点，本书对上述内容的结构进行了重新安排。

本书的编写得益于东南大学出版社的支持，同时，也得到了天津大学建筑学院的大力支持，特别是与我同在一个教学组的严建伟教授、肖宇澄建筑师、刘丛红博士，他们在课堂上的讲解和评析使我受益匪浅。事实上，在本书历时近两年的编写过程中，我的同事们在本科生教学方面所提供的专业观点和意见一直是本书行文取舍的重要参考。值此完稿之际，诚向他们表示衷心谢意。

我的硕士研究生刘航对本书的最终完成提供了大量的技术性支持，她的工作保证了本书如期交付，在此，一并表示感谢。

刘云月
2003 年 6 月于天津大学

参考文献

1 李国豪等主编.中国土木建筑百科辞典:建筑.北京:中国建筑工业出版社, 1999

2 [英]E.H.贡布里希著.秩序感——装饰艺术的心理学研究.范景中,杨思梁,徐一维译.长沙:湖南科学技术出版社,1999

3 [美]鲁道夫·阿恩海姆著.视觉思维——审美直觉心理学.滕守尧译.成都:四川人民出版社,1997

4 苏联建筑科学院编.建筑构图概论.顾孟潮译.北京:中国建筑工业出版社, 1983

5 [美]约翰.O.西蒙兹著.景观设计学——场地规划与设计手册(第3版).俞孔坚,王志芳,孙鹏译.北京:中国建筑工业出版社,2000

6 [英]D.肯特著.建筑心理学入门.谢立新译.北京:中国建筑工业出版社, 1998

7 [美]弗朗西斯.D.K.钦著.建筑:形式、空间和秩序.邹德侬,方千里译.北京:中国建筑工业出版社,1987

8 [法]马克·第亚尼编著.非物质社会——后工业世界的设计、文化与技术.滕守尧译.成都:四川人民出版社,1998

9 [美]查尔斯·穆尔,杰拉德·阿伦著.建筑量度论——建筑中的空间、形状和尺度(一).邹德侬,陈少明节译.建筑师,1983(14)

10 [德]希格弗里德·普莱斯尔,尼奥拉·布赫侯尔茨著.创造力的训练.刘德章,陈骏飞,刘沁卉译.贵阳:贵州人民出版社,2001

11 [美]鲁道夫·阿恩海姆著.艺术与视知觉.滕守尧译.北京:中国社会科学出版社,1984